高职化工类
模块化系列教材

化工工艺安全实训

韩宗 主编
史焕地 高雪玲 副主编

化学工业出版社
·北京·

内 容 简 介

《化工工艺安全实训》借鉴了德国职业教育“双元制”教学的特点，以模块化教学的形式进行编写。本教材依据化工行业企业典型工艺与操作规范要求，重新梳理知识点与技能点，把职业岗位工作过程与教学内容进行模块化设计，将课程内容按能力、知识和素质，编排为合理的课程模块，包括化工工艺安全实训认知、应急防护用品及应急认知、聚氯乙烯工艺安全操作、柴油加氢工艺安全操作、煤制甲醇工艺安全操作五个模块。内容循序渐进，符合学生认知规律及职业能力成长规律。每个模块分解为若干个任务，在课程教学设计上，采用四步教学法，即布置工作任务—知识学习—实施训练—检查评价的行动导向教学模式，充分体现出学生主体、教师主导作用，真正做到“教、学、做”一体化。

本书可作为高等职业教育化工技术类专业师生教材。

图书在版编目（CIP）数据

化工工艺安全实训/韩宗主编；史焕地，高雪玲副主编. —北京：化学工业出版社，2024.4

ISBN 978-7-122-43629-0

Ⅰ.①化… Ⅱ.①韩…②史…③高… Ⅲ.①化学工业-生产工艺-安全技术-教材 Ⅳ.①TQ086

中国国家版本馆 CIP 数据核字（2023）第 104305 号

责任编辑：王海燕　提　岩　　文字编辑：苏红梅　师明远
责任校对：李雨晴　　装帧设计：王晓宇

出版发行：化学工业出版社（北京市东城区青年湖南街 13 号　邮政编码 100011）
印　　刷：北京云浩印刷有限责任公司
装　　订：三河市振勇印装有限公司
787mm×1092mm　1/16　印张 9　字数 213 千字　　2024 年 5 月北京第 1 版第 1 次印刷

购书咨询：010-64518888　　售后服务：010-64518899
网　　址：http://www.cip.com.cn
凡购买本书，如有缺损质量问题，本社销售中心负责调换。

定　　价：32.00 元

高职化工类模块化系列教材

编审委员会名单

序

目前，我国高等职业教育已进入高质量发展时期，《国家职业教育改革实施方案》明确提出了“三教”（教师、教材、教法）改革的任务。三者之间，教师是根本，教材是基础，教法是途径。东营职业学院石油化工技术专业群在实施“双高计划”建设过程中，结合“三教”改革进行了一系列思考与实践，具体包括以下几方面：

1. 进行模块化课程体系改造

坚持立德树人，基于国家专业教学标准和职业标准，围绕提升教学质量和师资综合能力，以学生综合职业能力提升、职业岗位胜任力培养为前提，持续提高学生可持续发展和全面发展能力。将德国化工工艺员职业标准进行本土化落地，根据职业岗位工作过程的特征和要求整合课程要素，专业群公共课程与专业课程相融合，系统设计课程内容和编排知识点与技能点的组合方式，形成职业通识教育课程、职业岗位基础课程、职业岗位课程、职业技能等级证书（1＋X 证书）课程、职业素质与拓展课程、职业岗位实习课程等融理论教学与实践教学于一体的模块化课程体系。

2. 开发模块化系列教材

结合企业岗位工作过程，在教材内容上突出应用性与实践性，围绕职业能力要求重构知识点与技能点，关注技术发展带来的学习内容和学习方式的变化；结合国家职业教育专业教学资源库建设，不断完善教材形态，对经典的纸质教材进行数字化教学资源配套，形成“纸质教材＋数字化资源”的新形态一体化教材体系；开展以在线开放课程为代表的数字课程建设，不断满足“互联网＋职业教育”的新需求。

3. 实施理实一体化教学

组建结构化课程教学师资团队，把“学以致用”作为课堂教学的起点，以理实一体化实训场所为主，广泛采用案例教学、现场教学、项目教学、讨论式教学等行动导向教学法。教师通过知识传授和技能培养，在真实或仿真的环境中进行教学，引导学生将有用的知识和技能通过反复学习、模仿、练习、实践，实现“做中学、学中做、边做边学、边学边做”，使学生将最新、最能满足企业需要的知识、能力和素养吸收、固化成为自己的学习所得，内化于心、外化于行。

本次高职化工类模块化系列教材的开发，由职教专家、企业一线技术人员、专业教师联合组建系列教材编委会，进而确定每本教材的编写工作组，实施主编负责制，结合化工行业企业工作岗位的职责与操作规范要求，重新梳理知识点与技能点，把职业岗位工作过程与教学内容相结合，进行模块化设计，将课程内容按知识、能力和素质，编排为合理的课程模块。

本套系列教材的编写特点在于以学生职业能力发展为主线，系统规划了不同阶段化工类专业培养对学生的知识与技能、过程与方法、情感态度与价值观等方面的要求，体现了专业教学内容与岗位资格相适应、教学要求与学习兴趣培养相结合，基于实训教学条件建设将理论教学与实践操作真正融合。教材体现了学思结合、知行合一、因材施教，授课教师在完成基本教学要求的情况下，也可结合实际情况增加授课内容的深度和广度。

本套系列教材的内容，适合高职学生的认知特点和个性发展，可满足高职化工类专业学生不同学段的教学需要。

高职化工类模块化系列教材编委会

前言

安全是企业发展的基础，安全生产是企业生存的必备条件。近几年随着产业转型升级，我国对化工专业人才需求出现新的趋势，安全生产成为企业的主体责任。

化工生产的原料和产品多易燃、易爆、有毒及有腐蚀性，化工生产环境多高温、高压或深冷、真空，化工生产过程多为连续化、集中化、自动化、大型化，化工生产中安全事故主要源自泄漏、燃烧、爆炸、毒害等，因此，化工行业已成为危险源高度集中的行业。由于化工生产中各个环节不安全因素较多，且相互影响，一旦发生事故，危险性和危害性大，后果严重。所以，化工生产的管理人员、技术人员及操作人员均须熟悉和掌握相关的安全知识和事故防范技术，并具备一定的安全事故处理技能。

本教材依据化工行业企业典型工艺与操作规范要求，把职业岗位工作过程与教学内容进行模块化设计，将课程内容按能力、知识和素质，编排为合理的课程模块，包括化工工艺安全实训认知、应急防护用品及应急认知、聚氯乙烯工艺安全操作、柴油加氢工艺安全操作、煤制甲醇工艺安全操作五个模块。

本书由东营职业学院韩宗主编，东营职业学院史焕地、高雪玲副主编。模块一由韩宗和秦皇岛博赫科技开发有限公司王彦编写；模块二由史焕地编写；模块三由韩宗、东营职业学院刘鹏鹏和王伟成编写；模块四由史焕地和东营职业学院丁琴芳编写；模块五由高雪玲编写。全书由高雪玲、韩宗统稿，东营职业学院孙士铸、刘德志主审。

本书在编写过程中得到秦皇岛博赫科技开发有限公司的大力支持，在此表示感谢。

由于编者水平有限，书中不妥之处期望广大读者和同行批评指正。

编者

2024 年 4 月

目录

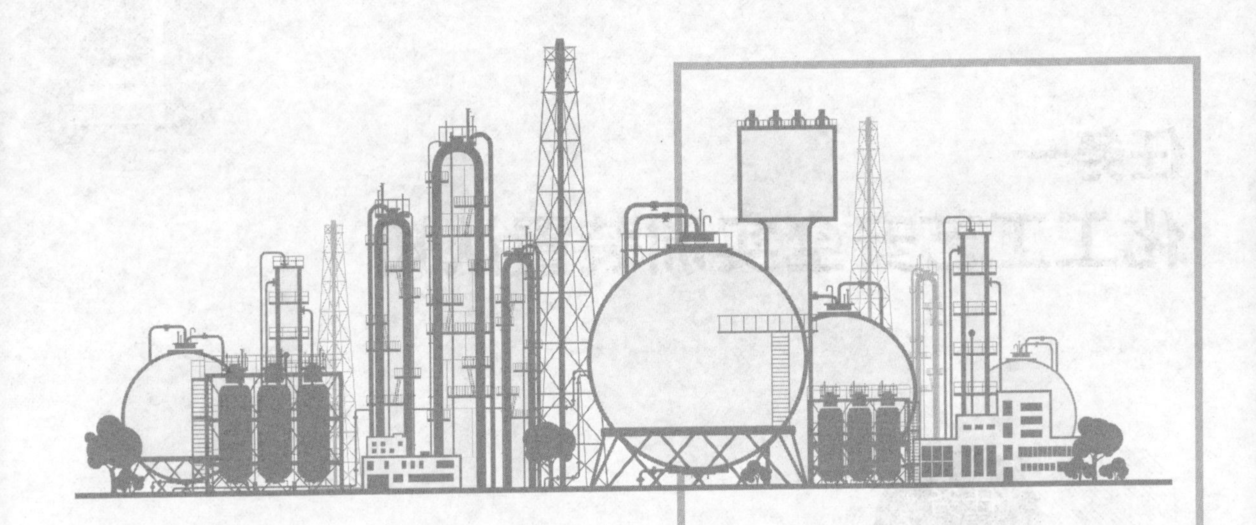

模块一

化工工艺安全实训认知

化工行业在我国国民经济中占有重要的地位。在化工生产过程中，由于其使用的原辅物料多为危险化学品，引起火灾、爆炸或中毒的危险性很大；化工生产中使用的设备、操作条件等也存在很大的危险性。大多事故是由人的不安全行为引起的，培养化工生产从业人员的安全意识、安全知识、安全技能和事故应急处置能力，杜绝不安全行为，是保证化工过程安全生产的根本措施。

化工工艺安全实训是以典型的化工企业常用单元装置为考核平台，常见工艺事故及应急预案为设计蓝本，主要针对危险化学品相关安全方面的作业内容，涵盖了聚合工艺、加氢工艺、煤化工工艺等危险化工工艺。本装置通过虚拟技术模拟故障或事故发生时的场景，设置事故类型有火灾、中毒、泄漏、超温超压和停电事故等。

任务一
化工工艺安全实训装置认知

知识目标

（1）了解化工工艺安全实训装置的流程；

（2）掌握九个单元模块流程。

能力目标

（1）能够识别实训装置九个单元模块；

（2）能够识别并找出装置各设备。

素质目标

（1）能够对资料进行整理、分析、归纳，并进行自主学习；

（2）培养安全意识、团队意识。

一、化工工艺安全实训装置模块认知

化工工艺安全实训装置由 9 个单元模块构成，即加热炉单元、反应釜单元、反应器单元、分离器单元、精馏塔单元、汽提塔单元、换热器单元、中间罐单元、贮存单元。实训装置全工艺模型流程图如图 1-1。

二、实训装置主要设备认知

装置主要设备如表 1-1。

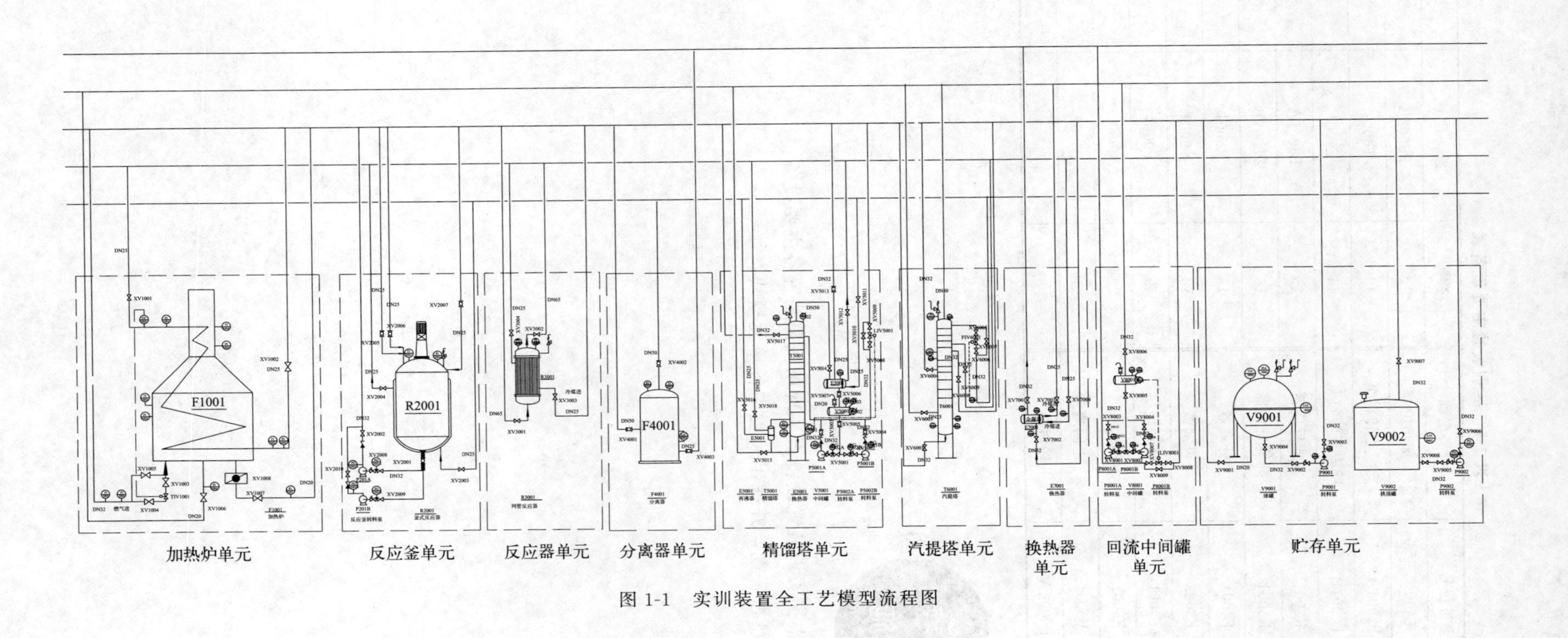

图 1-1　实训装置全工艺模型流程图

表 1-1 实训装置主要设备表

序号	设备位号	设备名称	序号	设备位号	设备名称
1	F1001	加热炉	12	P5002B	转料泵
2	P2001A	反应釜转料泵	13	T6001	汽提塔
3	P2001B	反应釜转料泵	14	E7001	换热器
4	R2001	釜式反应器	15	P8001A	转料泵
5	R3001	列管反应器	16	P8001B	转料泵
6	F4001	分离器	17	V8001	中间罐
7	E5002	再沸器	18	V9001	球罐
8	T5001	精馏塔	19	P9001	转料泵
9	E5001	换热器	20	V9002	拱顶罐
10	V5001	中间罐	21	P9002	转料泵
11	P5002A	转料泵			

活动 1：请你根据实训装置设备表，现场找出装置各主要设备。

活动 2：分组熟悉装置，并找出装置中各单元模块。

任务二
化工工艺安全实训装置操作流程认知

化工工艺安全实训装置可进行隐患排查、工艺交接班、事故处理等操作。

知识目标

（1）熟悉化工工艺安全实训装置的隐患排查步骤；

（2）熟悉化工工艺安全实训装置的交接班主要内容；

（3）熟悉化工工艺安全实训装置的事故处理流程。

能力目标

（1）能够进行化工工艺安全实训装置的隐患排查；

（2）能进行化工工艺安全实训装置的交接班；

（3）能够进行化工工艺安全实训装置的事故处理。

素质目标

（1）能够对资料进行整理、分析、归纳，并进行自主学习；

（2）培养安全意识、团队意识。

子任务一　隐患排查

一、事故隐患认知

1. 概念

事故隐患，是指生产经营单位违反安全生产法律、法规、规章、标准、规程和安全生产管理制度的规定，或者因其他因素在生产经营活动中存在可能导致事故发生的危险状态、人的不安全行为和管理上的缺陷。

2. 分类

事故隐患分为一般事故隐患、重大事故隐患。

一般事故隐患，是指危害和整改难度较小，发现后能够立即整改排除的隐患。

重大事故隐患，是指危害和整改难度较大，应当全部或者局部停产停业，并经过一定时间整改治理方能排除的隐患，或者因外部因素影响致使生产经营单位自身难以排除的隐患。对于重大事故隐患，由单位主要负责人组织制定并实施事故隐患治理方案。在事故隐患治理过程中，事故隐患部门应当采取相应的安全防范措施，防止事故发生。安全生产监督管理局应进行监控。

二、隐患排查治理

企业隐患排查治理是隐患排查与隐患治理两项工作的合并简称。两项工作都有相对规范的标准流程。

1. 隐患排查工作主要内容

（1）制订隐患排查计划或方案；

（2）按计划或方案组织开展隐患排查工作；

（3）对隐患排查结果进行汇总并登记后，进入隐患治理流程，发现重大事故隐患，还需上报当地安全监察部门，并按《安全生产事故隐患排查治理暂行规定》中的重大事故隐患治理流程治理。

2. 隐患治理工作主要内容

（1）建立隐患治理台账，落实隐患的整改责任人、整改完成时间、整改措施和临时防范措施、整改资金、验收标准及验收人，俗称“五定”，隐患治理台账也称“五定表”；

（2）整改责任人按照整改措施完成整改（如需采取临时防范措施，还应在整改期间落实临时防范措施）并上报验收人；

（3）验收人按验收标准对隐患整改情况进行评估，评估合格后同意隐患闭环，评估不合格要重新进行整改；

（4）每季度及每年要对企业隐患排查治理情况进行统计分析。

活动：在装置中按表 1-2 隐患类型的隐患点随机设置 5 个考核项，时间设定为 5 分钟，各项数目不固定。学生分组进行设置并完成隐患排查。

表 1-2 隐患类型

项目名称	考核方法	设置数量
消防器材不规范	检查并恢复	2

续表

项目名称	考核方法	设置数量
工具随处摆放	放回器防柜	2
设备未按规定接地	检查并恢复	13
现场杂物	放回指定位置	1
安全附件异常	现场恢复	2

子任务二 交接班

一、交接班

交接班是指交班人员与接班人员，在特定时间段，将工作进行移交、关键信息进行传递的过程。交接班程序标准化、规范化，促进了各班各司其职，避免工作中的遗漏，有效衔接上下班生产运作，保证了工作的连续性、安全性和有效性。

二、交接班制度

交接班制度是班组日常管理中的基本制度。在企业生产中，交接班是一个非常普通的工作环节，但也是容易发生较为严重事故的工作环节。在交接班时，工作人员往往容易放松警惕，忽视安全生产，最终导致事故发生，给员工身心和企业带来巨大损失，因此，班组长必须加强员工交接班时的安全意识，努力抓好班组的交接班工作，保障安全生产的顺利进行。交接班员工应做到坚持原则、发扬团结协作的风格。交接班均需本人进行交接，不得委托他人。接班人员与交班人到齐后，由交班班长和接班班长、各岗位交班组长与接班组长、交班组员与接班组员相互对口交接。

三、交接班内容及要求

交代生产进度产量完成情况：本班生产、工艺指标、产品质量、产量入库和任务完成情况。

(1) 交设备运行情况：当班期间设备开、停时间，停机原因。若遇设备故障，则必须说明故障发生时间、原因、处理情况、遗留问题以及其他注意事项。交接中对重要的岗位、关键的设备及有关安全附件、操作控制仪表运行使用及维护保养情况等要逐一交代，不可疏忽。

(2) 交安全情况：交当班安全（包括人身安全）、环保、事故情况。不安全因素（不正常情况）排查及已采取的预防措施和事故（包括事故隐患）处理情况。

（3）交公用工器具使用情况：认真交接清点工具、用具和各种消防、防护器材，数量齐全、清洁完好并查看其质量缺损情况。工具损坏或遗失要详细说明原因。

（4）交工艺指标过程控制情况：交重要的数据、重要的工艺指标执行控制经验和注意事项情况，为下一班所做的准备工作要认真交接。

（5）交台账记录：原始记录是否正确、清楚、完整。

四、交接班“十交五不接”

化工企业交接班有着“十交五不接”。

1. 十交

① 本班生产情况；

② 工艺指标的执行情况和存在问题；

③ 事故原因和处理情况及处理结果；

④ 设备运转和维护保养情况；

⑤ 仪器、仪表、工具的保管和使用情况；

⑥ 记录表的填写保护情况；

⑦ 室内外及设备卫生；

⑧ 跑、冒、滴、漏及机械用油情况；

⑨ 安全生产情况；

⑩ 领导的指示。

2. 五不接

① 交班项目交代不清不接；

② 存在不安全因素不接；

③ 事故原因不清，处理不完不接；

④ 设备运转异常不接；

⑤ 工具不全，设备、现场不清不接。

五、接班考核内容

本装置接班考核内容的考核由3名同学组队，各自完成相关内容，其中班长（M）完成重大危险源管理相关考核内容；外操（P）完成现场工艺巡检的相关考核内容；内操（I）完成异常工艺参数的调节、调稳操作。

1. 重大危险源管理（班长）

重大危险源的管理考核由班长完成，主要是相关工艺涉及的化学介质的安全周知卡以及相关的工艺特点的现场警示牌的知识考核。

2. 装置现场的工艺巡查（外操）

装置现场的工艺巡查由外操现场巡查完成，其主要是考核外操人员根据具体的工艺判断关键控制点并进行相应的检查。

3. 生产工艺控制调节（内操）

生产工艺控制调节主要是由内操完成，其主要是考核具体工艺的关键参数的实时调整，稳定生产过程，保证生产的安全进行。

活动：分组熟悉交接班考核内容。

子任务三　事故处理

一、装置事故设置

本装置每种具体产品工艺中所设置的事故种类均由 5 类事故构成，分为安全事故（中毒、火灾、泄漏）和工艺事故（超温超压、短时间停电）两种类型。其中安全事故为短时期不可恢复的事故，工艺事故为经过处理可以短时期内恢复，需根据实际情况进行工艺的调整和生产的恢复操作。

二、事故处理流程

1. 事故预警

事故触发后，上位机报警、现场报警，内操发现上位机异常报警后向班长汇报事故现象，班长派外操到现场查看，根据现象现场确认事故。

2. 事故汇报

外操进行现场查看后，根据实际情况，汇报事故工段、事故设备、事故位置、人员伤亡情况、现场是否可控。

3. 事故处理

班长负责协调处置，内操负责工艺控制，外操负责现场事故控制。在事故处理过程中，需要注意个人防护。

4. 事故延伸考核

包括化学防护服（简称防化服）、隔热服、正压式空气呼吸器、心肺复苏等项目的考核。

化工工艺安全操作考核内容包含接班考核内容、事故或故障操作考核两个部分，以模拟化工企业日常作业的相关内容。

三、安全文明生产

安全文明生产主要是在实训过程中的操作规范、安全作业以及现场纪律方面的评判，学生须规范操作、安全作业、文明生产。

活动：分组熟悉事故处理考核内容。

当化工企业内部发生安全事故时，首先我们要直面事故的危险，在平时的工作中就应该做好个人的安全防护，同时积极参与企业内部的安全应急演练，熟练掌握防护与逃生的相关技能。在危险来临时，确保自己冷静应对，将危害降到最低。

模块二

应急防护用品及急救认知

任务一
个人防护用品的选用

知识目标

（1）熟悉个人防护用品的使用场合；

（2）掌握个人防护用品的使用方法。

能力目标

（1）能正确穿戴、使用个人防护用品；

（2）正确维护个人防护用品。

素质目标

（1）能够对资料进行整理、分析、归纳，并进行自主学习；

（2）培养安全意识、团队意识。

子任务一　化学防护服的选用

案例

某化工厂王某穿普通工作服在硫酸车间工作，因硫酸喷出，全身受硫酸污染，通过工作服渗透到皮肤，烧伤面积达80%，导致毁容残疾。在这个案例中，职工只穿了对化学品没有防护作用的普通工作服而没有穿着专业的化学防护服而最终致残。那么是否穿着了专业的化学防护服就一定能够得到有效的防护呢？

一、化学防护服基础认知

1. 术语和定义

化学防护服是用于防护化学物质对人体伤害的服装。该服装可以覆盖整个或绝大部分躯体，至少可以提供对躯干、手臂和腿部的防护。化学防护服可以是多件具有防护功能服装的组合，也可以和不同类型其他的防护装备相连接。

2. 分类

根据防护对象和整体防护性能，化学防护服可分为不同类型，见表 2-1。

表 2-1　化学防护服分型及代号

化学防护服分型	气密型		液密型			固体颗粒物化学防护服	有限泼溅化学防护服	织物酸碱类化学防护服
	气密型化学防护服	气密型化学防护服-ET	喷射液密型化学防护服	喷射液密型化学防护服-ET	泼溅液密型化学防护服			
类别代号	1(1a、1b、1c)	1-ET (1a-ET、1b-ET)	3	3-ET	4	5	6	7

（1）气密型化学防护服。气密型化学防护服是指带有头罩、视窗和手足部防护的单件化学防护服，当配套适宜的呼吸防护装备时，能够防护较高水平的有毒有害化学物质（气态、液态和固态颗粒物等）。

气密型化学防护服-ET 是指应急救援工作中作业人员穿着的，带有头罩、视窗和手足部防护的，能够防护气态、液态和固态颗粒等有毒有害化学物质的单件化学防护服。

（2）液密型化学防护服。防护液态化学物质的防护服，分为喷射和泼溅液密型等。

喷射液密型化学防护服是指防护具有较高压力液态化学物质的全身性防护服。

泼溅液密型化学防护服是指防护具有较低压力或者无压力液态化学物质的全身性防护服。

（3）固体颗粒物化学防护服。防护作业场所空气中固态化学颗粒物的全身性防护服。

（4）有限泼溅化学防护服。能够对液态化学物质进行有限防护的全身性防护服。

（5）织物酸碱类化学防护服。由机织面料构成，能够防护液态酸性或/和碱性化学品（不包括氢氟酸、氨水和有机酸碱）的防护服。

二、化学防护服的使用

1. 使用原则

（1）任何化学防护服的防护功能都是有限的，使用者应了解化学防护服的局限性。

（2）使用任何一种化学防护服都应仔细阅读产品使用说明，并严格按要求使用。

（3）应向所有使用者提供化学防护服和与之配套的其他个体防护装备使用方法培训。

（4）使用前应检查化学防护服的完整性以及与之配套的其他个体防护装备的匹配性等，在确认化学防护服和与之配套的其他个体防护装备完好后方可使用。

（5）进入化学污染环境前，应先穿好化学防护服及配套个体防护装备。污染环境中作业人员，应始终穿着化学防护服及配套个体防护装备。

（6）化学防护服被化学物质持续污染时，必须在其规定的防护性能（标准透过时间）内更换。

（7）若化学防护服在某种作业环境中迅速失效，应停止使用并重新评估所选化学防护服的适用性。

（8）应对所有化学防护服的使用者进行职业健康监护。

（9）在使用化学防护服前，应确保其他必要的辅助系统（如供气设备、洗消设备等）准备就绪。

2. 使用要求

（1）应有完善的化学防护服发放管理制度及使用前培训制度。

（2）应按要求向使用者及辅助人员准确发放化学防护服，并进行培训。

（3）化学防护服应按要求进行穿脱和安全使用。

（4）在使用化学防护服的过程中，使用者不应进入不必防护的区域。

（5）为减少交叉污染，化学防护服应按规定脱除，必要时可有辅助人员帮忙。

（6）受污染的化学防护服脱除后，需洗消的应按要求的方法进行及时洗消，未进行充分洗消的应置于具有警示性的指定区域，宜密闭存放。

（7）有限次使用的化学防护服已被污染时应该被弃用，需废弃的化学防护服的处理应符合相关的安全和环保方面的要求。

（8）污染物会影响多次性使用的化学防护服的防护性能，多次性使用的化学防护服经洗消处理后，需对其进行评估，在确保安全后方可再次使用。

（9）进行高劳动强度、高热负荷工作时，应规定最长的工作时间和安排一定的休息时间，若不能满足这些要求，宜选用长管供气及降温系统，以适当延长作业时间。

三、化学防护服的维护

化学防护服的维护是为了保持化学防护服系统处于可靠状态。管理人员应按照产品使用与维护说明书的要求对化学防护服进行维护。

1. 检查

（1）验收检查。化学防护服采购验收时，验收人员应对产品的外观质量和标识性能的适宜性进行严格检查。

（2）储存中检查。对储存中的化学防护服，尤其是气密型化学防护服应按照生产商或供应商提供的信息，在储存过程中定期对化学防护服进行检查。

（3）使用检查。

穿着前检查：每次使用化学防护服时，使用者应检查它的完好性。检查部位包括面料、视窗、手套、靴套、接缝、闭合处等；检查内容包括裂纹、划痕、破洞、部件故障等。对于全包覆式化学防护服还应检查它的气密性及液密性。

穿着状态检查：化学防护服穿着完毕后，检查人员或不同穿着人员之间要对化学防护服穿着状态进行检查。检查部位包括面料、视窗、手套、靴套、接缝、闭合处等；检查内容包括服装是否有破损、服装穿着状态是否良好等，如拉链闭合完好、门襟叠合平整等。

2. 洗消

受污染的化学防护服应及时洗消。化学物质接触化学防护服后，非渗透性的化学物质会附着在化学防护服表面形成表面污染物，影响化学防护服的防护性能；渗透性的化学物质能进入化学防护服内部，降低化学防护服性能并引起皮肤危害。

化学防护服洗消时，洗消人员应确认化学防护服上存在的化学污染物及其相应危害，并依据生产商和供应商提供的信息进行洗消、干燥和洗消后检验与测试。

3. 储存

（1）应储存在避光、温度适宜、通风合适的环境中，并与化学物质隔离储存。

（2）已使用过的化学防护服应与未使用的化学防护服分别储存。

（3）气密型化学防护服应在储存过程中定期进行检查。

活动 1：学生分为两人一组，练习化学防护服的使用。

活动 2：根据化学防护服的考核内容（表 2-2），分小组完成化学防护服的操作。本次使用气密型化学防护服。

表 2-2 化学防护服考核细则

序号	考核项目	分项	考核内容
1	使用前检查	1.1	全面检查化学防护服有无破损及漏气
		1.2	检查拉链(或者其他连接方式)是否正常
		1.3	将携带的可能造成化学防护服损坏的物品去除
2	化学防护服穿戴	2.1	将化学防护服展开，将所有关闭口打开，头罩朝向自己，开口向上
		2.2	撑开化学防护服的颈口、胸襟，两腿先后伸进裤内，处理好裤腿与鞋子
		2.3	将化学防护服从臀部以上拉起，穿好上衣，腿部尽量伸展
		2.4	将腰带系好，要求舒适自然
		2.5	戴防毒面具，要求舒适无漏气
		2.6	戴防毒头罩
		2.7	扎好胸襟，系好颈扣，要求舒适自然
		2.8	将袖子外翻，戴上手套放下外袖
3	化学防护服的脱卸	3.1	清洗与消毒(避免人体及环境受到危害及污染)
		3.2	松开颈扣，松开胸襟
		3.3	摘下防毒头罩
		3.4	松开腰带
		3.5	按上衣、袖子、手套、裤腿、鞋子的顺序先后脱下

续表

序号	考核项目	分项	考核内容
3	化学防护服的脱卸	3.6	将化学防护服内表面朝外，安置化学防护服，脱卸过程中，身体其他部位不能接触化学防护服外表面
		3.7	脱下防毒面具
4	现场恢复	4.1	恢复化学防护服初始状态

子任务二　隔热服的选用

案例

某注气站值班人员李某巡检时发现井口补偿器卡子漏气较为严重，随后向领导汇报。领导决定立即停炉，并让李某回站穿好隔热服再操作。就在李某快要完成停炉操作时，突然一股蒸气猛地喷出，他虽然反应迅速，但仍被蒸气“扫”到。幸好穿戴着隔热服，李某才未被烫伤。

一、隔热服的认知

隔热服也叫热防护服，是重要的个体防护装备，指在接触火焰及炙热物体后能阻止本身被点燃、有焰燃烧和阴燃，保护人体不受各种伤害的防护服，分为石油、化工、冶金、玻璃等行业高温炉前作业的防护服装和用于消防、森林防火的消防服。

隔热服面料由外层、隔热层、舒适层等多层织物复合制成。外层采用具有反射辐射热的金属铝箔复合阻燃织物材料，隔热层用于提供隔热保护，多采用阻燃粘胶或阻燃纤维毡制成。采用多层织物复合的结构，防辐射渗透性能以及隔热性能得到提高。隔热服不仅要有热保护性能，还要有良好的实用性能和穿着舒适性，一定的拉伸强度、撕裂强度和耐磨性，这样才能更好地发挥其性能。

二、隔热服组成及结构

隔热服的款式分为分体式和连体式两种。分体式隔热服由隔热上衣、隔热裤、隔热头罩、隔热手套以及隔热脚盖等单体部分组成。连体式消防员隔热服由连体隔热衣裤、隔热头罩、隔热手套以及隔热脚盖等单体部分组成。

1. 隔热头罩

隔热头罩是用于头面部防护的部分。隔热头罩上面配有视窗，视窗采用无色或浅色透明的具有一定强度和刚性的耐热工程塑料注塑制成，视野宽，透光率好。

2. 隔热上衣

隔热上衣是用于对上部躯干、颈部、手臂和手腕提供保护的部分。隔热上衣袖口部位与隔热手套配合紧密，防止杂物进入到衣袖中。

3. 隔热裤

隔热裤是用于对下肢和腿部提供保护的部分。裤腿覆盖到灭火防护靴靴筒外部，防止杂物进入到靴子中。

4. 隔热手套

隔热手套用于对手部提供保护，隔热手套一般应采用与隔热上衣相同面料，在手掌部位可增加耐磨加强层。

5. 隔热脚盖

隔热脚盖穿戴在灭火防护靴外，覆盖防护靴整个靴面，用于对脚部提供保护。

三、隔热服使用及维护保养

1. 隔热服使用要求

（1）在使用前要认真检查消防隔热服有无破损、离层，如有则严禁用于火场作业。

（2）进入作业现场消防隔热服必须穿戴齐全。要扣紧所有封闭部位，保证服装密封良好。

（3）在有化学气体和放射性伤害的条件下使用时，均须配备相应的配件和正压式呼吸器。

（4）消防隔热服虽然具有优良的阻燃隔热性能，但不可能在所有条件下都能起到保护人的作用。在靠近火焰区作业时，不能与火焰和熔化的金属直接接触。

（5）消防隔热服在使用时应尽量避免与尖硬的物体接触，以免损坏。

2. 维护保养

（1）灭火或训练后，应及时清洗、擦净、晾干。隔热层和外层应分开清洗。清洗时不能使用硬刷或用强碱，以免影响防水性能。晾干时不能在加热设备上烘烤。若使用中受到灼烧，应检查各部位是否损坏。如无损坏，可继续使用。

（2）在运输中应避免与油、酸、碱及易燃、易爆物品或其他化学药品混装。

（3）如果隔热服已与化学品接触，或发现有气泡现象，则应清洗整个镀铝表面。

（4）如果留有油液或油脂的残余物，则要用中性肥皂进行清洗。

（5）隔热服在重新存放前应进行彻底的干燥，储存在干燥、通风的仓库中。

（6）尽量挂装，避免多次折叠后损坏衣服，影响整体防护性能。

活动1：学生分为两人一组，练习隔热服的使用。

活动 2：根据隔热服的考核内容（表 2-3），分小组完成隔热服的操作。

表 2-3　隔热服考核细则

序号	考核项目	分项	考核内容
1	使用前检查	1.1	检查隔热服各部件表层是否完好
		1.2	检查内隔热层是否完好
		1.3	检查舒适层是否完好
		1.4	将携带的可能造成隔热服损坏的物品去除
2	隔热服穿戴	2.1	耐高温裤子穿戴，穿上以后整理到合适位置
		2.2	交叉扣好耐高温裤子背带扣
		2.3	耐高温鞋罩穿戴，将两只鞋罩套在鞋上固定后面的系带或粘扣
		2.4	调整鞋罩的位置使其完整地覆盖脚面
		2.5	将高温鞋罩的筒塞到裤腿内侧
		2.6	耐高温上衣穿戴，穿上后整理两只袖子到合适位置
		2.7	耐高温上衣扣好扣子或粘扣
		2.8	耐高温头罩穿戴，调整面屏至合适位置，扣上固定卡扣
		2.9	调整前后突出位置，使其完全遮盖住上衣的衣领部位
		2.10	耐高温手套穿戴，防止高温飞溅物进到手套筒内
		2.11	隔热穿着顺序：耐高温裤子、耐高温鞋罩、耐高温上衣、耐高温头罩、耐高温手套
3	隔热服的脱卸及现场恢复	3.1	隔热服的脱卸顺序：以耐高温手套、耐高温头罩、耐高温上衣、耐高温鞋套、耐高温裤子的顺序卸装
		3.2	隔热服易损坏，操作过程中应小心操作避免损坏
		3.3	恢复隔热服初始状态

子任务三　防毒面具的使用

案例

2020 年 5 月 6 日，江苏宜兴某公司在对垃圾库外墙缝隙封堵外包作业过程中，3 名作业人员佩戴自吸过滤式半面罩进入垃圾库内施工，发生中毒事故。2 名营救人员也佩戴自吸过滤式半面罩进入垃圾库营救，造成不同程度中毒。事故共造成 3 名作业人员死亡，2 名营救人员中毒。

该事故的根本原因是作业人员不了解作业环境的危险有害因素，垃圾产生硫化氢，有股臭味，而随便佩戴了一个不防硫化氢的自吸过滤式防毒面具，酿下大祸。

实际上，不同的作业场所和不同的有限空间，其有毒气体可能不同。如果防护面具选型、佩戴和使用以及维护错误或不到位，极大可能会发生中毒事故。

自吸过滤式防毒面具是以佩戴者自身的呼吸为动力，克服部件阻力，将空气中有害物予以过滤净化的呼吸防护器。

自吸过滤分为机械过滤和化学过滤两种。机械过滤面具主要是用于防止粒径小于5μm的呼吸粉尘的吸入，通常称防尘口罩和防尘面具；化学过滤面具主要用于防止有毒气体、蒸气、颗粒物（如毒烟、毒雾）等的吸入，通常称为防毒面具，属于净气式呼吸防护用品。

一、过滤式防毒面具组成和工作原理

防毒面具从结构上可分为导气管式防毒面具和直接式防毒面具两种。导气管式防毒面具由面罩、大型或中型滤毒罐和导气管组成。直接式防毒面具由面罩和小型滤毒罐组成。

滤毒罐为防毒过滤元件，是过滤式防毒面具的主要部件。其作用主要是各种有毒气体进入罐内被活性炭吸附，经化学作用、吸附作用和机械过滤作用而被除去，使有毒气体净化为清净气体后才被人体吸入。

按照防毒过滤元件的分类和级别（GB 2890—2022），滤毒罐（滤毒盒）分为：

（1）普通滤毒罐（滤毒盒），编号“P”，具体型号规格如表2-4。

表2-4 滤毒罐的型号规格

产品型号及规格	标色	防护介质举例
A型	褐色	有机气体与蒸气
B型	灰色	防护无机气体和蒸气（HCN、Cl_2、CNCl）
E型	黄色	SO_2 和其他酸性气体或蒸气
K型	绿色	NH_3 和氮的有机衍生物
CO型	白色	一氧化碳
Hg型	红色	汞蒸气
H_2S型	蓝色	H_2S气体
AX型	褐色	沸点不大于65℃的有机气体或蒸气
SX型	紫色	某些特殊化合物

（2）多功能滤毒罐（滤毒盒），编号“D”，防护两种以上有毒气体。

（3）综合滤毒罐（滤毒盒），编号“Z”，同时防尘和防毒。

滤毒罐都有使用寿命，一般情况下，滤毒罐的有效期为5年。但是滤毒罐的使用寿命会随空气污染物种类，浓度，环境温、湿度以及作业强度的变化而不同。

二、过滤式防毒面具的使用

过滤式呼吸防护用品的使用要受环境的限制，当环境中存在着过滤材料不能滤除的有害物质，或氧气含量低于18%，或有毒有害物质浓度较高（＞1%）时均不能使用，这种环境下应用隔绝式呼吸防护用品。

1. 防毒面具使用前检查

（1）使用前需检查面具是否有裂痕、破口，确保面具与脸部贴合密封；

（2）检查呼气阀片有无变形，破裂及裂缝；

（3）检查头带是否有弹性；

（4）检查滤毒罐座密封圈是否完好；

（5）检查滤毒罐是否在使用期内；

（6）使用防毒面具前，应该先弄清要防的毒气类型和毒气的浓度，搭配好正确的面罩和滤毒罐。

2. 防毒面具佩戴说明

（1）防毒面具佩戴密合性测试。左手托住面具下端，从下巴套上面具，双手将调节带拉紧，将手指并拢轻微弯曲成凹面，手掌盖住呼气阀并缓缓呼气，如面部感觉到有一定压力，但没感觉到有空气从面部和面罩之间泄漏，表示佩戴密合性良好。

（2）去掉滤毒盒密封盖，将滤毒盒接口垂直对准面具上的螺旋接口。

（3）防毒面具佩戴。左手托住面具下端，从下巴套上面具，将面具盖住口鼻，然后将头部调节带拉至头顶，用双手将下面的头戴拉向颈后，揭开滤毒盒底端密封塞。

3. 使用后处理

（1）摘下面罩。

（2）卸下滤毒盒。

4. 现场恢复

恢复呼吸器初始状态。

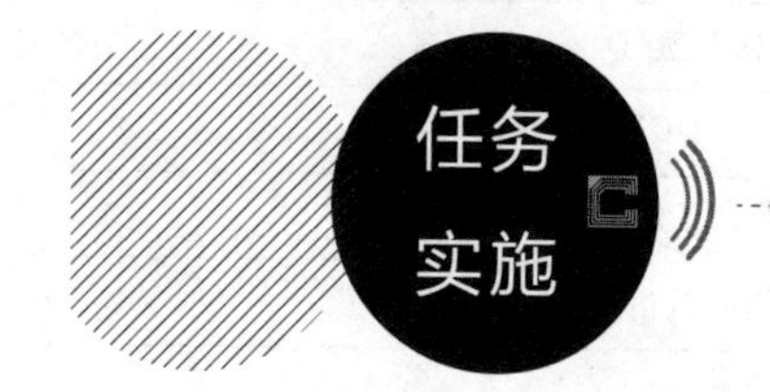

活动1：学生分为两人一组，练习过滤式防毒面具的使用。

活动2：根据过滤式防毒面具的考核内容（表2-5），分小组完成过滤式防毒面具的操作。

表2-5 全面罩式防毒面具考核细则

序号	考核项目	步骤	考核内容
1	使用前检查	1.1	检查面具是否有裂痕、破口
		1.2	检查呼气阀片有无变形、破裂及裂痕
		1.3	检查头带是否有弹性
		1.4	检查滤毒盒座密封圈是否完好
		1.5	检查滤毒盒是否在使用期内

续表

序号	考核项目	步骤	考核内容
2	佩戴操作	2.1	防毒面具佩戴密合性测试。左手托住面具下端，从下巴套上面具，双手将调节带拉紧，将手指并拢轻微弯曲成凹面，手掌盖住呼气阀并缓缓呼气，如面部感觉到有一定压力，但没感觉到有空气从面部和面罩之间泄漏，表示佩戴密合性良好
		2.2	去掉滤毒盒密封盖，将滤毒盒接口垂直对准面具上的螺旋接口
		2.3	左手托住面具下端，从下巴套上面具，将面具盖住口鼻，然后将头部调节带拉至头顶，用双手将下面的头戴拉向颈后，揭开滤毒盒底端密封塞
3	使用后处理	3.1	摘下面罩
		3.2	卸下滤毒盒
4	现场恢复	4.1	恢复呼吸器初始状态

子任务四 正压式空气呼吸器的使用

案例

2006年3月30日，抚顺市某煤矿发生一起重大瓦斯窒窒息事故，造成3人死亡、6人受伤，直接经济损失120万元。事故的直接原因是：救护队在探查中央风井时，检测周围的氧气及有害气体不准确，返回途中由于巷道内有害气体浓度大、温度高、坡度大，行走困难，部分队员违反规定，摘掉呼吸器的供气阀和面罩，造成有害气体（CO）中毒，从而导致本次事故发生。

正压式空气呼吸器是一种人体呼吸器官的防护装具，用于在有浓烟、毒气、刺激性气体或严重缺氧的现场进行侦察、灭火、救人和抢险时佩戴。

当环境中氧气含量低于18%，或有毒有害物质浓度较高（>1%）时应用隔绝式呼吸防护用品，如正压式空气呼吸器。

一、主要结构

呼吸器主要由气瓶总成、减压器总成、全面罩总成、供气阀总成、背托总成共五个部分组成，另配有工具包、收纳袋和器材箱，如图2-1。

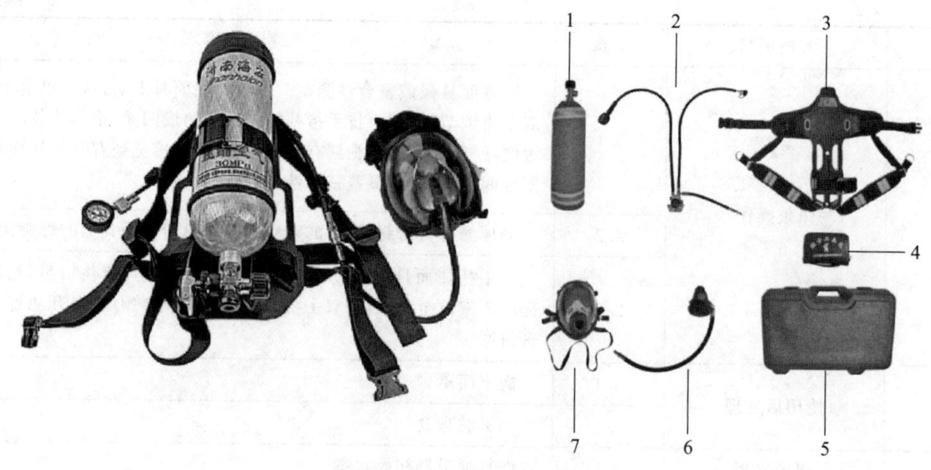

图 2-1　呼吸器组成示意图

1—气瓶总成；2—减压器总成；3—背托总成；4—组合工具包；
5—器材箱；6—供气阀总成；7—全面罩总成

1. 气瓶总成

气瓶总成是用来贮存高压压缩空气的装置。气瓶采用全缠绕式碳纤维复合材料，呼吸器佩戴使用时（气瓶倒立状态，气瓶阀朝下），顺时针旋转气瓶阀为开启，逆时针旋转气瓶阀为关闭。

2. 减压器总成

减压器总成（图 2-2）是将气瓶内高压气体减压后，输出 0.8MPa 左右的中压气体，经中压导气管送至供气阀供使用人员呼吸的装置。减压器总成由减压器、手轮、压力表、警报器、中压导气管、输出接头和他救接头组成。

压力表（图 2-3）可方便地检查瓶内余压，并具有夜光显示功能，便于在光线不足的条件下观察。呼吸器采用气动警报器，当气瓶压力下降至（5.5±0.5）MPa 时，警报器会发出持续警报声响，提醒使用人员尽快撤离作业区域。

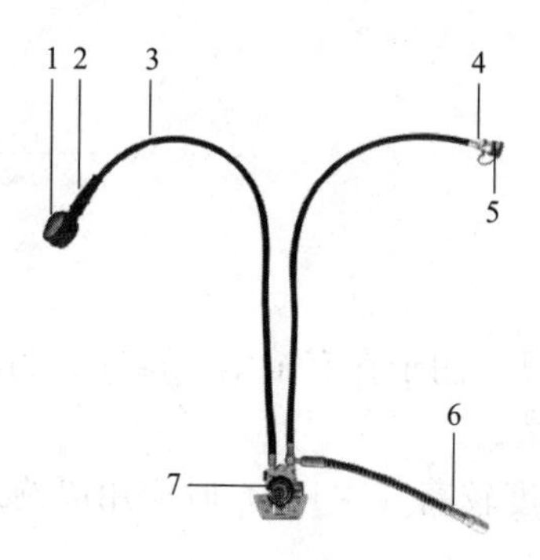

图 2-2　减压器总成示意图

1—压力表；2—警报器；3—中压导气管；4—输出接头；
5—防尘帽；6—他救接头；7—手轮

图 2-3　压力表和警报器示意图

1—压力表；2—警报器

3. 全面罩总成

全面罩总成是用来罩住脸部，隔绝有毒有害气体，阻止其进入人体呼吸系统的装置。

4. 供气阀总成

供气阀总成是将减压器输出的中压气体，再次减压至人体可以呼吸的压力，为使用者提供所需空气的装置。

5. 背托总成

背托总成是用来支承气瓶总成和减压器总成的装置。背托总成主要由高强度塑料背架、左肩带、右肩带、腰带和气瓶扎带组成。

二、工作原理

将呼吸器各部件正确接通，当打开气瓶阀，贮存在气瓶内的高压空气通过气瓶阀进入减压器总成，高压空气经减压后，输出 0.8MPa 左右的中压空气，同时压力表实时显示中压导气管内空气的压力值。中压空气经中压导气管进入安装在面罩上的供气阀，供气阀按使用者的吸气量要求，提供所需的空气，并始终保持面罩内处于正压状态。吸气时，呼气阀关闭，气瓶中空气经气瓶阀、减压器、中压导气管、供气阀、口鼻罩被吸入人体肺部；当呼气时，供气阀自动关闭，呼气阀自动开启，浊气被排到面罩外的环境大气，从而完成一个呼吸循环。

三、正压式空气呼吸器的使用

1. 使用前检查

（1）检查呼吸器部件配备齐全、器材表面清洁、管路无扭结和损伤、连接部位牢靠，所有部件应保持完整好用。

（2）检查气瓶压力是否充足。打开气瓶阀，观察压力表读数，气瓶压力应不小于 25MPa。同时如果 1 分钟内压力值降低不超过 2MPa，且不继续降低，则表明呼吸器系统气密性良好，可以正常使用。

（3）检查报警器是否能正常使用。开启供气阀，放空管道余气。仔细观察压力表，当气瓶压力降到 (5.5±0.5)MPa 时，警报器应再次发出持续警报声响，直到气瓶内压力小于 1MPa 时警报声响才停止，则表明警报器工作正常。

（4）检查空气呼吸器面罩的密封。戴上面罩后，用手按住面罩口处，通过呼气检查面罩密封是否良好。

2. 佩戴操作

（1）背戴正压式空气呼吸器的气瓶。将气瓶阀向下背上气瓶，通过拉肩带上的自由端调节气瓶的上下位置和松紧，直到感觉舒服为止，扣紧腰带。

（2）佩戴空气呼吸器的面罩。拉开面罩头网，将面罩由上向下戴在头上，调整面罩位置，使下巴进入面罩下面凹形内，调整颈带和头带的松紧。

（3）安装空气呼吸器面罩供气阀。将供气阀上的红色旋钮放在关闭位置（顺时针旋转到头），确认其接口与面罩接口啮合，然后顺时针方向旋转 90°，当听到“咔哒”声时，即安装完毕。

3. 使用结束后整理

作业完毕后，确信已离开受污染或空气成分不明的环境，并已身处充满健康空气的环境中，则可准备卸下呼吸器。

（1）松开头网松紧带，将面罩从面部摘下。关闭气瓶阀，待系统内空气放空。

（2）将供气阀的输入接头从输出接头上卸下。关闭供气阀，并将其从面罩上卸下。

（3）解开腰扣，向上提拉D形环松开肩带，接着将呼吸器从肩背上卸下，把背托平铺放置。松开气瓶扎带，面对气瓶，当气瓶阀朝上时，顺时针旋转手轮，将气瓶从背托上卸下。把呼吸器各组件整理好，盖好防尘帽，妥善放置在器材箱内。

活动1：学生分为两人一组，练习正压式空气呼吸器的使用。

活动2：根据正压式空气呼吸器的考核内容（表2-6），分小组完成正压式空气呼吸器的操作。

表2-6 正压式呼吸器考核细则

序号	考核项目	步骤	考核内容
1	使用前检查	1.1	检查高、低压管路连接情况
		1.2	检查面罩视窗是否完好及其密封周边密封性
		1.3	检查减压阀手轮与气瓶连接是否紧密
		1.4	检查气瓶固定是否牢靠
		1.5	调整肩带、腰带、面罩束带的松紧程度，将正压式呼吸器连接好待用
		1.6	检查气瓶充气压力是否符合标准
		1.7	检查气路管线及附件的密封情况
		1.8	检查报警器灵敏程度
2	佩戴操作	2.1	按正确方法背好气瓶：解开腰带扣，展开腰垫；手抓背架两侧，将装具举过头顶；身体稍前顺，两肘内收，使装具自然滑落于背部
		2.2	调整位置：手拉下肩带，调整装具的上下位置，使臀部承力
		2.3	收紧腰带：扣上腰扣，将腰带两伸出端向侧后拉，收紧腰带
		2.4	外翻头罩：松开头罩带子，将头罩翻至面窗外部
		2.5	佩戴面罩：一只手抓住面窗突出部位将面罩置于面部，同时，另一只手将头罩后拉罩住头部
		2.6	收紧颈带：两手抓住颈带两端向后拉，收紧颈带
		2.7	收紧头带：两手抓住头带两端向后拉，收紧头带
		2.8	检查面罩的密封性：手掌心捂住面罩接口，深吸一口气，应感到面窗向面部贴紧
		2.9	打开气瓶：逆时针转动瓶阀手轮，完全打开瓶阀
		2.10	安装供气阀：使红色旋钮朝上，将供气阀与面窗对接并逆时针转动90度，正确安装好时可听到“咔哒”声

续表

序号	考核项目	步骤	考核内容
3	使用后处理	3.1	摘下面罩。捏住下面左右两侧的颈带扣环向前拉，即可松开颈带；然后同样再松开头带，将面罩从面部由下向上脱下。然后按下供气阀上部的保护罩节气开关，关闭供气阀。面罩内应没有空气流出
		3.2	卸下装具
		3.3	关闭瓶阀：顺时针关闭瓶阀手轮，关闭瓶阀
		3.4	系统放气：打开冲泄阀放掉空气呼吸器系统管路中压缩空气。等到不再有气流后，关闭冲泄阀
4	现场恢复	4.1	恢复呼吸器初始状态

任务二
急救认知

知识目标

（1）了解医用担架的使用注意事项；

（2）掌握心肺复苏术的操作要点。

能力目标

（1）能正确使用医用担架；

（2）能进行心肺复苏操作。

素质目标

（1）能够对资料进行整理、分析、归纳，并进行自主学习；

（2）培养安全意识、团队意识。

子任务一　医用担架的使用

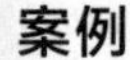

案例

某日凌晨，沈阳市民高老太突发心脏病，其子立刻拨打了120急救电话。在使用担架抬高老太出房间的时候，担架发生180°的侧翻，所幸高老太被束缚带吊在担架上，未造成严重伤害。

伤者经过现场的初步急救处理后，要尽快送至医院做进一步的救治，这就需要搬运转送。搬运转送工作做得正确、及时，不但能使伤者迅速地得到较全面的检查、治疗，同时，还能减缓在这个过程中病情的加重和变化。搬运转送不当，轻者，延误了伤者及时的检查治疗；重者，伤情、病情恶化甚至造成死亡，使现场抢救工作前功尽弃。

一、医用担架的结构特点

医用担架由担架杆、担架面、担架支脚、横支撑以及有关附件组成。

（1）担架面料。以前主要采用帆布，但因其质量重、可清洗性差，现已趋于采用化纤织物面料，如聚乙烯或聚丙烯材料，这种材料的优点是疏水性强、易清洗和消毒、质量轻。

（2）担架杆，外形有方管和圆管两种，目前大多数采用铝合金材料。

（3）支腿，采用方形结构。现有的铝合金担架杆采用焊接或铆接。

（4）钢质横撑，担架展开时，用足部力量撑开，禁止使用手撑以防夹伤。

（5）伤员固定带，防止伤员在转送过程中滑动，避免二次损伤。

二、搬运前的注意事项

（1）搬运伤员之前要检查伤员的生命体征和受伤部位，重点检查伤员的头部、脊柱、胸部有无外伤，特别是颈椎是否受到损伤。

（2）必须妥善处理好伤员。首先要保持伤员的呼吸道的通畅，然后对伤员的受伤部位要按照技术操作规范进行止血、包扎、固定。处理得当后，才能搬运。

（3）在人员、担架等未准备妥当时，切忌搬运。搬运体重过重和神志不清的伤员时，要考虑全面。防止搬运途中发生坠落、摔伤等意外。

（4）在搬运过程中要随时观察伤员的病情变化。重点观察呼吸、神志等，注意保暖，但不要将头面部包盖太严，以免影响呼吸。一旦在途中发生紧急情况，如窒息、呼吸停止、抽搐时，应停止搬运，立即进行急救处理。

（5）在特殊的现场，应按特殊的方法进行搬运。火灾现场，在浓烟中搬运伤员，应弯腰或匍匐前进；在有毒气泄漏的现场，搬运者应先用湿毛巾掩住口鼻或使用防毒面具，以免被毒气熏倒。

三、通用担架搬运方法

（1）一般情况下让伤病员仰卧或侧卧在担架上搬运；特殊伤病员要在医生指导下按照特殊疾病体位摆放。

（2）用专业捆带将伤病员固定在担架上，防止伤病员的肢体伸出担架外。

（3）担架搬运时，伤员的脚在前，头在后，先抬头，后抬脚，放下时先放脚，后放头。担架员应步调一致；向高处抬时，伤员头朝前，足朝后（如上台阶、过桥），前面的担架员要放低担架，后面的要抬高，以使病人保持水平状态。下台阶时相反。

（4）担架上车时，伤病员的头应先上，脚后上。

（5）将搬运伤病员的担架放在担架车上时要把两侧保护杆拉起固定。

活动1：学生分为两人一组，练习医用担架的使用。

活动2：根据医用担架考核内容（表2-7），分小组完成医用担架操作。

表2-7 担架的使用考核细则

序号	考核项目	分项	考核内容
1	伤员固定	1.1	伤员肢体在担架内
		1.2	胸部绑带固定
		1.3	腿部绑带固定
2	搬运	2.1	抬起伤员时，先抬头后抬脚
		2.2	放下伤员时，先放脚后放头
		2.3	搬运时伤员脚在前，头在后

子任务二　心肺复苏的实施

案例

一名旅客在车站准备乘车的时候，突然倒地，所幸有两名路过的旅客是医护人员，他们立即放下行李对旅客进行心肺复苏，最终这名旅客在大家的帮助下转危为安。

一、心肺复苏基础知识

心肺复苏是对心脏骤停的患者合并使用胸外按压、人工呼吸进行急救的救命技术，目的是恢复患者自主呼吸和自主循环。

心脏骤停发生后，全身重要器官将发生缺血、缺氧。特别是脑血流的突然中断，在10s

左右患者即可出现意识丧失，脑循环持续缺氧 4～6min 将引起脑组织的损伤，而超过 10min 时将发生不可逆的脑损伤。

心肺复苏的成功率与开始抢救的时间密切相关。从理论上来说，对心源性猝死者，每分钟大约 10%的正相关性；心脏骤停 1min 内实施心肺复苏的成功率大于 90%；心脏骤停 4min 内实施心肺复苏的成功率约为 60%；心脏骤停 6min 内实施心肺复苏的成功率约为 40%；心脏骤停 8min 内实施心肺复苏的成功率约为 20%，且侥幸存活者可能已“脑死亡”；心脏骤停 10min 实施心肺复苏的成功率几乎为 0。

二、心肺复苏的操作步骤

1. 评估现场环境安全

确保急救措施在安全的环境下进行，不造成二次伤害。

2. 判断意识

现场急救人员在患者身旁快速判断其有无损伤和反应，可轻拍患者双肩，并大声呼叫：“你怎么了?”患者无动作或应声，即判断为无反应、无意识，如图 2-4。

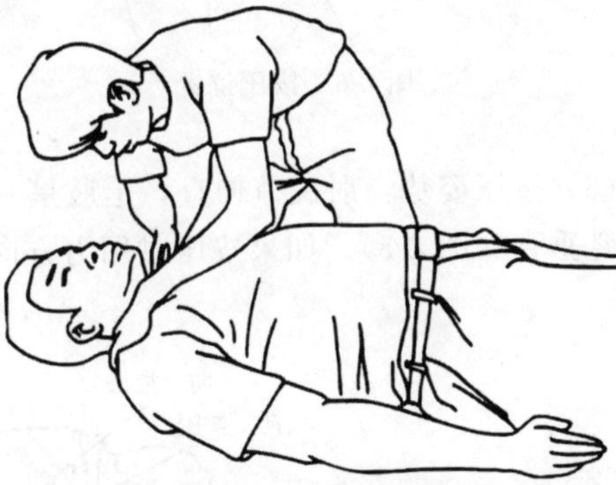

图 2-4　判断意识

3. 呼叫、求救

发现患者无反应、无意识及无呼吸，如果只有一人在现场，首先要拨打急救电话，求助专业急救人员。如有 2 人以上时，一人打电话，另一人马上实施心肺复苏。

4. 将伤者放置适当体位

将伤者摆放成仰卧位。

注意：如果需要将伤者身体整体转动，必须要保护好其颈部，身体平直，无扭曲，放于平地面或硬板床上。

5. 判断颈动脉和呼吸

判断颈动脉和呼吸的方法：抢救者靠近施救者，单侧触摸颈动脉，时间不少于 5s 不大于 10s，判断时用余光观察伤者的胸廓起伏。具体方法是食指及中指先摸到喉结处，再向外滑至同侧气管与颈部肌肉所形成的沟中，如图 2-5 所示。如无颈动脉搏动和呼吸，则立即开始胸部按压和人工呼吸。若呼吸、心跳存在，仅为昏迷，则摆成复原体位，保持呼吸道通畅。

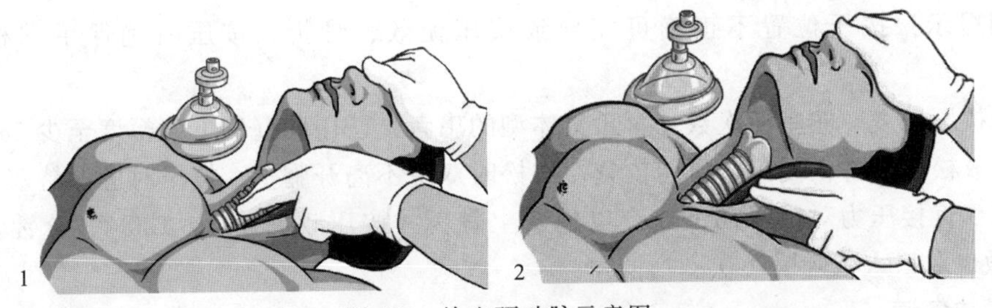

图 2-5　检查颈动脉示意图

6. 胸外按压

(1) 确定按压部位：两乳头连线中点；难以准确判断乳头位置时，可采用滑行法，即一手中指沿患者肋弓下方向上方滑行至两肋弓交会处，食指紧贴中指并拢，另一手的掌根部紧贴于第一只手的食指平放，使掌根按压在胸骨下半部分，如图 2-6。

(2) 按压手法：将双手十指相扣，一手掌紧贴在患者胸壁，另一手掌重叠放在此手背上，手指翘起，手掌根部有力压在胸骨上（图 2-7）。

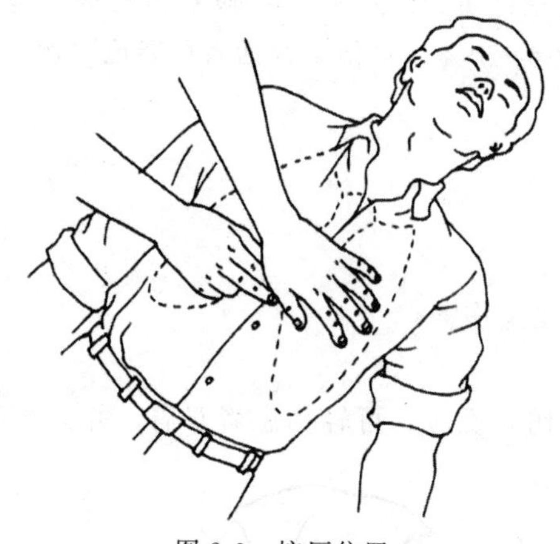

图 2-6　按压位置

图 2-7　按压手法

(3) 按压姿势：肘关节伸直，上肢呈一直线，双肩位于手上方，以保证每次按压的方向与胸骨垂直（图 2-8）。如果按压时用力方向不垂直，将影响按压效果。

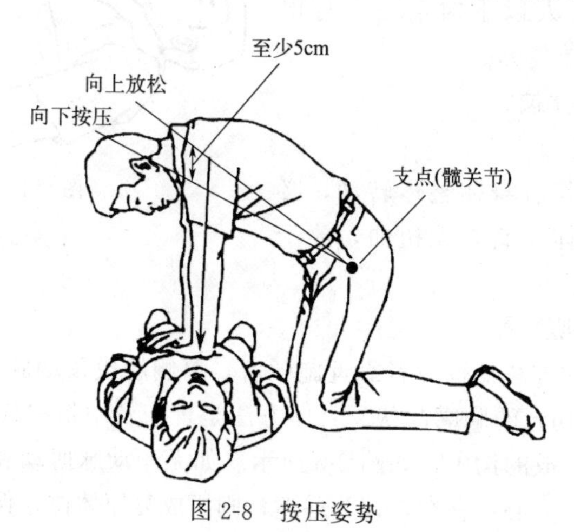

图 2-8　按压姿势

特别提示：按压位置不正确可能导致按压无效、骨折，按压时确保手掌根不离开胸壁。

(4) 按压幅度、频率及次数：对正常体型的患者，按压胸壁的下陷幅度至少 5cm，每次按压后，放松使胸廓恢复到按压前位置，放松时双手不离开胸壁。按压时应保持双手位置固定，可减少直接压力对胸骨的冲击，以免发生骨折。按压频率 100～120 次/分钟。每按压 30 次，做口对口人工呼吸 2 次。

7. 开放气道

患者意识丧失时，因肌张力下降，舌头根部可能把咽喉部阻塞，如果患者口腔有可视异物应清除，如义齿松动应取下，以防其脱落阻塞气道。

（1）仰头抬颌法（图 2-9）：把一只手放在患者前额，用手掌小鱼际部把额头用力向后推，使头部向后仰，另一只手的手指放在下颌骨处，使下颌向上抬起，使下颌尖、耳垂连线与地面垂直。

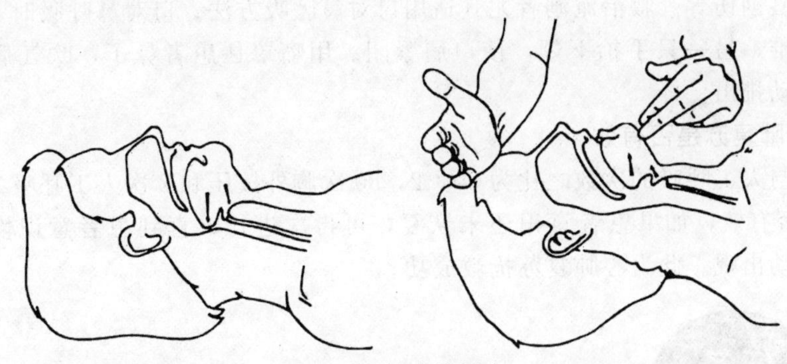

图 2-9　仰头抬颏法

（2）托颌法（图 2-10）：把手放置于患者头部两侧，肘部支撑在患者躺卧平面上，握紧下颌角，用力向上托下颌。这种方法存在技术难度，但是对怀疑有头颈部创伤患者，这种方法更为安全，不会因颈部活动而加重颈椎和脊髓损伤。

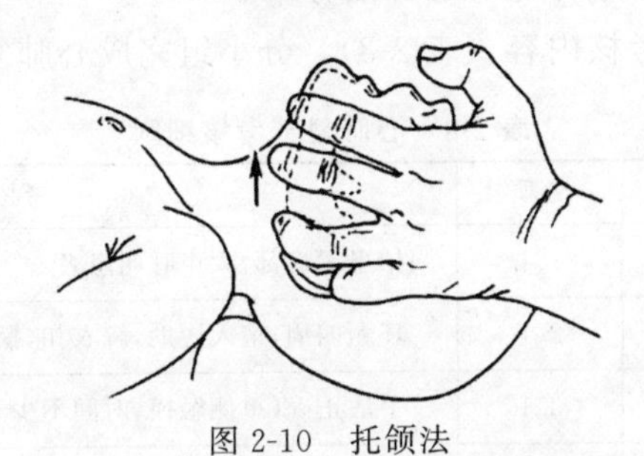

图 2-10　托颌法

8. 人工呼吸

采用人工呼吸时，每次通气必须使患者的肺脏能够充分膨胀，可见到胸廓上抬，每次通气时间应持续约 1 秒钟，连续 2 次通气。

（1）口对口人工呼吸（图 2-11）：口对口呼吸是一种快捷有效的通气方法，呼出气体中的氧足以满足患者需求。实施口对口呼吸时，要确保患者气道开放通畅。救护员手捏住患者

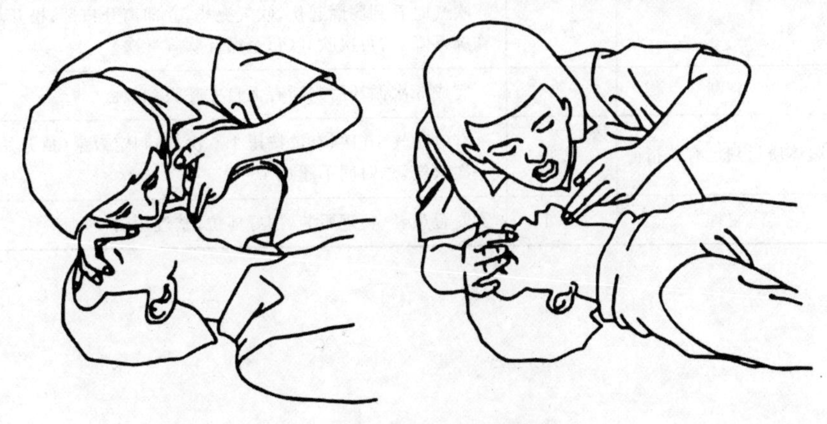

图 2-11　口对口人工呼吸

鼻孔，防止漏气，用口把患者口完全罩住，呈密封状，缓慢吹气，每次吹气应持续约 1 秒钟，确保通气时可见胸廓起伏。

（2）口对鼻人工呼吸：口对鼻呼吸适用于那些不能进行口对口呼吸的患者，如牙关紧闭不能开口、口唇创伤等。救治淹溺者尤其适用口对鼻呼吸方法。口对鼻呼吸时，将一只手置于患者前额后推，另一只手抬下颏，使口唇紧闭。用嘴罩住患者鼻子，吹气后使口离开鼻子，让气体自动排出。

9. 判断心肺复苏是否有效

胸外按压与人工呼吸的次数之比为 30∶2，30 次胸外按压和 2 次人工呼吸为一组。操作 5 组后判断是否有效，如果患者意识还未恢复，可再次进行，直到患者意识恢复，呼吸恢复，颈动脉搏动出现。此为心肺复苏抢救成功。

活动 1： 学生分为两人一组，练习心肺复苏术。

活动 2： 根据心肺复苏考核内容（表 2-8），分小组完成心肺复苏操作。

表 2-8　心肺复苏考核细则

序号	考核项目	分项	考核内容
1	判断意识	1.1	拍患者肩部，大声呼叫患者
2	呼救	2.1	环顾四周，请人协助，解衣扣，摆体位
3	判断颈动脉搏	3.1	手法正确（单侧触摸，时间不少于 5s）
4	定位	4.1	胸骨下 1/3 处，一手掌根部放于按压部位，另一手平行重叠于该手手背上，手指并拢，以掌根部接触按压部位，双臂位于患者胸骨的正上方，双肘关节伸直，利用上身重量垂直下压
5	胸外按压	5.1	按压速率每分钟至少 100 次，按压幅度至少 5cm（每个循环按压 30 次，时间 15～18s）
6	打开气道	6.1	下颌角与耳垂的连线与地面垂直，如有异物应先清除异物
7	吹气	7.1	吹气时看到胸廓起伏，吹气完毕，立即离开口部，松开鼻腔，视患者胸廓下降后，再次吹气（每个循环吹气 2 次）
8	判断	8.1	完成 5 次循环后判断有无自主呼吸、心跳
9	整体质量判定有效指征	9.1	有效吹气 10 次，有效按压 150 次，并判定效果（从开始考核到最后一次吹气，总时间不超过 150s）
10	整理	10.1	安置患者，整理服装，摆好体位，整理用物

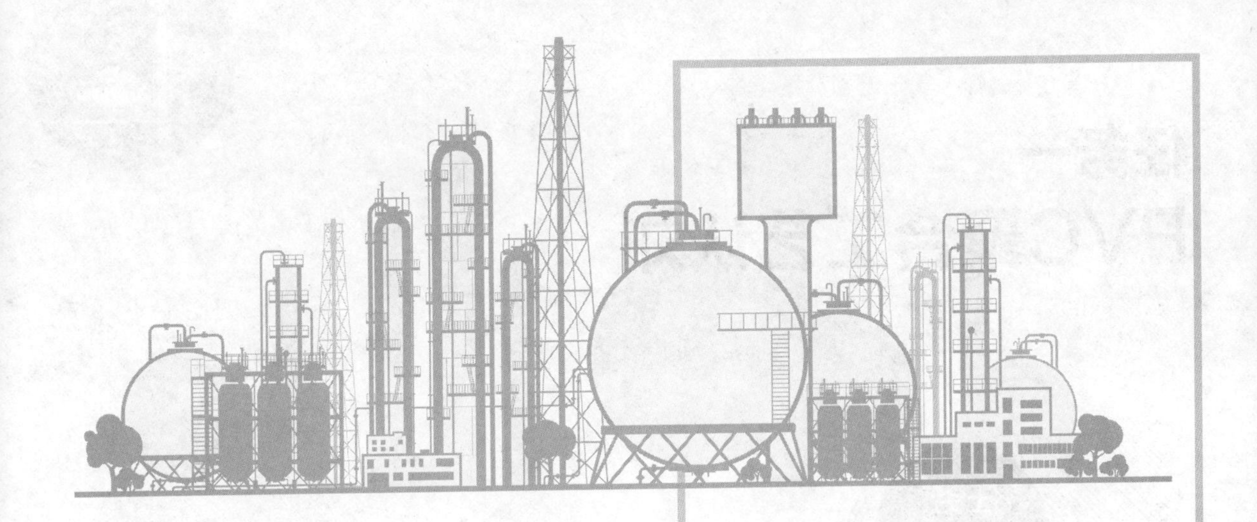

模块三

聚氯乙烯工艺安全操作

本模块内容是基于化工工艺安全实训装置完成的。装置通过实训设备与虚拟技术结合，模拟聚氯乙烯工艺，设置了火灾、中毒、泄漏、超温超压和断电等事故，利用现场装置操作和软件操作DCS系统完成事故处置。

典型的聚合工艺主要有聚烯烃生产工艺、聚氯乙烯生产工艺、合成纤维生产工艺、橡胶生产工艺、乳液生产工艺、涂料黏合剂生产工艺、氟化物聚合工艺等。其中，由于聚氯乙烯（PVC）的应用非常广泛，聚氯乙烯生产工艺成为最常见的聚合工艺之一。

任务一
PVC聚合工艺认知

知识目标

（1）了解 PVC 聚合工艺的流程和生产特点；

（2）掌握 PVC 聚合工艺的交接班主要内容。

能力目标

（1）能辨识 PVC 聚合工艺的危害因素；

（2）能进行 PVC 聚合工艺交接班操作。

素质目标

（1）能够对资料进行整理、分析、归纳，并进行自主学习；

（2）培养安全意识、团队意识。

一、聚氯乙烯工艺介绍

聚氯乙烯是一种无毒、无臭的白色粉末。它的化学稳定性很高，具有良好的可塑性。根据氯乙烯单体的聚合方法，聚氯乙烯的获得又有悬浮法、乳液法、本体法和溶液法之分。

悬浮法聚合是指将液态的氯乙烯（VCM）在搅拌的作用下被分散成细小液滴悬浮于水或其他介质中，通过分散剂、引发剂的作用进行的聚合反应。悬浮法聚合生产工艺成熟、操作简单、生产成本低、产品品种多、应用范围广，一直是生产 PVC 树脂的主要方法。目前世界上 90%的 PVC 树脂（包括均聚物和共聚物）都是出自悬浮法生产装置。

乳液法聚合与悬浮聚合基本类似，只是要采用更为大量的乳化剂，并且不是溶于水中而是溶于单体中。这种聚合体系可以有效防止聚合物粒子的凝聚，从而得到粒径很小的聚合物树脂，一般乳液法生产的PVC树脂的粒径为0.1～0.2μm，悬浮法为20～200μm。

本体法生产工艺在无水、无分散剂，只加入引发剂的条件下进行聚合，不需要后处理设备，投资小、节能、成本低。用本体法PVC树脂生产的制品透明度高、电绝缘性好、易加工。用来加工悬浮法树脂的设备均可用于加工本体法树脂。

溶液聚合单体溶解在一种有机溶剂（如 n-丁烷或环己烷）中引发聚合，随着反应的进行聚合物沉淀下来。溶液聚合反应专门用于生产特种氯乙烯与醋酸乙烯共聚物。溶液聚合反应生产的共聚物纯净、均匀，具有独特的溶解性和成膜性。

二、聚氯乙烯工艺流程

本装置聚氯乙烯工艺采用悬浮法。

(1) 悬浮聚合的过程是先将去离子水用泵打入聚合釜R2001中，启动搅拌器，随后依次将消泡剂、引发剂及其他助剂加入聚合釜内。

(2) 氯乙烯单体由氯乙烯单体储罐V9001经过滤器过滤后加入聚合釜内，向聚合釜夹套内通入蒸汽和热水，通过调节阀门HV1101开度控制热媒流量，从而控制聚合釜内温度。达到一定温度后，聚合釜内发生氯乙烯聚合反应。当聚合釜内温度升高至聚合温度（50～58℃）后，通冷却水，通过调节阀门HV1102开度控制冷媒流量，控制聚合温度不超过规定温度的±0.5℃。当转化率为60%～70%，有自加速现象发生，反应加快，放热现象激烈，应加大冷却水量。

(3) 反应过程中压力基本稳定，待釜内压力开始下降时，表明反应基本完成，加入终止剂使反应终止，泄压出料。

当转化率达到85%～90%时，PVC树脂颗粒形态、疏松程度及结构性能处于较好的状态。因为聚氯乙烯颗粒的疏松程度与泄压膨胀的压力有关，所以要根据不同要求控制泄压压力。

(4) 聚合釜R2001内反应产物经聚合釜转料泵P2001A/B送入出料槽V1101。由于氯乙烯颗粒的溶胀和吸附作用，聚合出料的浆料中仍含有少量的单体。未聚合的氯乙烯单体经泡沫捕集器排入氯乙烯气柜，循环使用。被氯乙烯气体带出的少量树脂在泡沫捕集器捕下来，流至沉降池中，作为次品处理。

(5) 聚合物悬浮液经浆料泵P1101A/B送入换热器，加热后送入汽提塔，浆料与蒸汽逆向接触后，进一步除去氯乙烯单体，再送入过滤和洗涤。

工艺流程如图3-1所示。

三、聚氯乙烯工艺安全分析

1. 物料危害因素分析

聚氯乙烯工艺在生产过程中涉及的主要物料有液氯、聚氯乙烯塑料颗粒、去离子水和吸收尾气用的碱液。在生产过程中一旦发生氯气泄漏将导致中毒事故；氯气溶于水生成次氯酸和盐酸，对金属设备造成严重腐蚀，影响设备的使用安全。聚乙烯塑料颗粒含有的细小粉尘会造成管道堵塞，达到爆炸极限导致粉尘爆炸。碱液具有强烈的腐蚀性，与人体接触会造成化学灼伤。

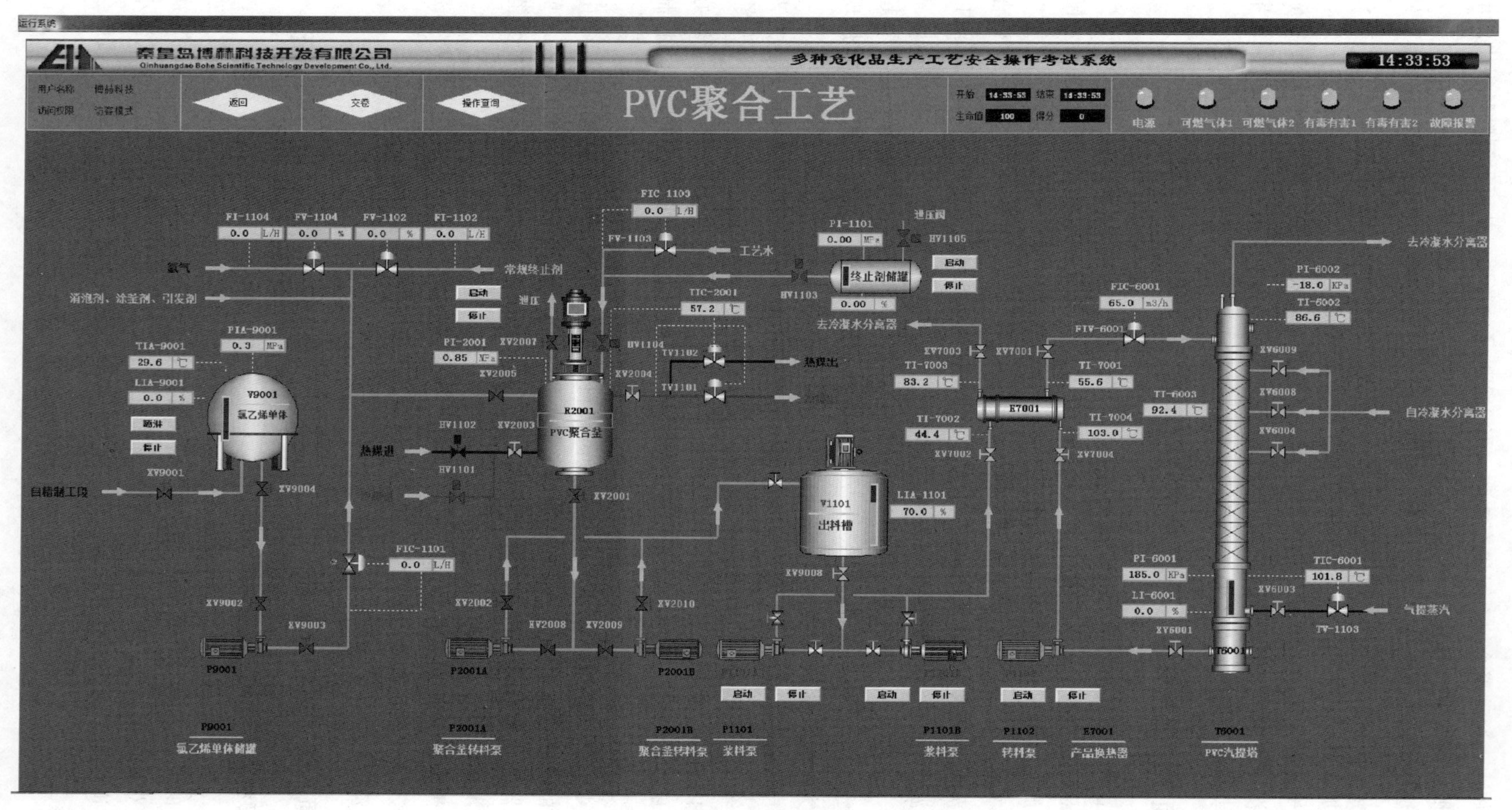

图 3-1 聚氯乙烯工艺流程图

2. 工艺安全分析

聚合是在带有搅拌器的聚合釜中进行的。聚合后，物料流入单体回收罐或汽提塔内回收单体。然后流入混合釜，水洗再离心脱水、干燥即得树脂成品。氯乙烯单体应尽可能从树脂中抽除。聚合时必须控制好聚合过程的温度和压力，以保证获得规定的分子量和分子量分布范围的树脂并防止爆聚。

3. 安全防护措施

（1）消防设施。装置内设有环行消防道路，以利于发生事故时消防车进出。装置内设置有消防水炮和一定数目的干粉式灭火器。

（2）防火、防爆。装置内的介质多为易燃、易爆介质，工艺装置内的电器、仪表设备均选用防爆型设备，管道、设备上安装防静电接地设施。

（3）可燃气体报警器。在可能发生可燃性气体泄漏的位置，安装可燃气体报警器。

（4）安全防护用品。由于聚合工艺装置内有氯气、氯乙烯等有毒气体，所以车间配备有防毒面具、正压式呼吸器等安全防护用品。

（5）工艺安全措施。在氯化釜上安装温度传感器和压力传感器，且与冷却水阀门、放空阀门、尾气吸收泵形成联锁，当温度超过设定值高限时，冷却水网门开启度增加，流量增大，加速氯化釜降温；当温度继续升高，超过高限，或压力异常，超过氯化釜工作的安全压力时，放空阀门自动打开，紧急泄压，尾气吸收塔泵自动开启，吸收釜内排放出的氯气。

活动 1：查阅资料，完成 PVC 聚合工艺反应原料和产品性质表（表 3-1）。

表 3-1　PVC 聚合工艺反应原料和产品性质表

原料和产品	物理性质	化学性质	危险性	防护措施

活动 2：根据工艺流程查找主要工艺设备，分小组对照装置描述工艺流程（表述清楚设备名称、位置及设备仪表、阀门等）。

任务二
PVC聚合工艺交接班操作

一、PVC 聚合工艺重大危险源管理

1. 安全周知卡

PVC 聚合工艺涉及的主要危险化学品有氯乙烯和聚氯乙烯，其危险化学品安全周知卡如图 3-2 所示。

2. 重大危险源安全警示牌

此工艺主要涉及的危险化学品是氯乙烯、聚氯乙烯。聚氯乙烯的主要危险特性是易燃、易爆，而氯乙烯的主要危险特性是有毒、易燃。因此现场操作过程中需要当心火灾、当心爆炸、当心中毒，同时还要当心烫伤。为了保证作业安全，避免发生火灾爆炸，要严格控制点火源，禁止吸烟、禁止烟火，禁止穿化纤衣服以免产生静电发生火灾爆炸。

聚氯乙烯工艺重大危险源安全警示牌如图 3-3 所示。

二、PVC 聚合工艺重要的阀门及仪表认知

本次工艺涉及的主要设备是 R2001 聚合釜。巡检时需要注意聚合釜底阀 XV2001，聚合釜夹套进口控制阀 XV2003，聚合釜夹套出口控制阀 XV2004，反应器的安全附件主要包括压力表 PI2001，温度传感器 TI2001，需要严格控制反应的温度和压力保证产品质量。同时需要注意助剂控制阀 XV2005 和紧急终止剂控制阀 XV2006。

三、PVC 聚合工艺交接班内容

PVC 聚合工艺交接班主要有三个岗位，交接班考核内容由三名同学分别各自完成，其中：

（1）班长（M）主要完成重大危险源管理的相关考核内容，包含安全周知卡和安全警示标识；

（2）外操（P）主要完成现场工艺巡检的相关考核内容，包括现场关键点阀门及关键仪

危险化学品安全周知卡

危险性类别

有毒
易燃

品名、英文名及分子式、CAS号

氯乙烯
chloroethylene
C_2H_3Cl
CAS：75-01-4

危险性标志

危险性理化数据

熔点(℃)：−159.8
相对密度(水=1)：0.91
沸点(℃)：−13.4
闪点(℃)：−78

危险特性

易燃，与空气混合能形成爆炸性混合物，遇明火、高热能引起燃烧爆炸。与浓硝酸、发烟硝酸或其它强氧化剂剧烈反应，发生爆炸。气体比空气重，能在较低处扩散到相当远的地方，遇火源会着火回燃。
本品是强烈的神经毒物，对黏膜有强烈刺激作用。
禁配物：强氧化剂、碱类。

接触后表现

氯乙烯是一种刺激物，短时接触低浓度，能刺激眼和皮肤，与其液体接触后由于快速蒸发能引起冻伤。对人体有麻醉作用，能抑制中枢神经系统。轻度中毒时病人出现眩晕、胸闷、嗜睡、步态蹒跚等；严重中毒可发生昏迷、抽搐，甚至造成死亡。慢性中毒：表现为神经衰弱综合征、肝肿大肝

现场急救措施

皮肤接触：立即脱去被污染的衣着，用大量流动清水冲洗，至少15分钟。就医。
眼睛接触：立即提起眼睑，用大量流动清水或生理盐水彻底冲洗至少15分钟。就医。
吸入：迅速脱离现场至空气新鲜处。保持呼吸道通畅。如呼吸困难，给输氧。如呼吸停止，立即进行人工呼吸。就医。

身体防护措施

泄漏处理及防火防爆措施

迅速撤离泄漏污染区人员至上风处，并进行隔离。切断火源。建议应急处理人员戴自给正压式呼吸器，穿防静电工作服。尽可能切断泄漏源。用工业覆盖层或吸附/吸收剂盖住泄漏点附近的下水道等地方，防止气体进入。合理通风，加速扩散。喷雾状水稀释、溶解。构筑围堤或挖坑以收容产生的大量废水。如有可能，将残余气或漏出气用排风机送至水洗塔或与塔相连的通风棚内。漏气容器要妥善处理，修复、检验后再用。

最高容许浓度

MAC(mg/m^3)：30

当地应急救援单位名称

市消防中心
市人民医院

当地应急救援单位电话

市消防中心：119
市人民医院：120

(a) 氯乙烯

图 3-2

危险化学品安全周知卡

危险性类别	品名、英文名及分子式、CAS号	危险性标志
易燃	聚氯乙烯 Polyvinyl chloride -(CH_2-CHCl)n- CAS号：9002-86-2	

危险性理化数据	危险特性
熔点(℃)：212 相对密度(水=1)：1.41	粉体与空气可形成爆炸性混合物，当达到一定浓度时，遇火星会发生爆炸。受高热分解产生有毒的腐蚀性烟气。

接触后表现	现场急救措施
聚氯乙烯生产过程中伴有粉尘和单体氯乙烯。吸入氯乙烯单体气体可发生麻醉症状， 严重者可致死。长期吸入氯乙烯，可出现神经衰弱征候群，消化系统症状，肝脾肿大，皮肤出现硬皮样改变，肢端溶骨症。长期吸入高浓度氯乙烯，可发生肝脏血管肉瘤。长期吸入聚氯乙烯粉尘，可引起肺功能改变。	皮肤接触：脱去污染的衣着，用流动清水冲洗。眼睛接触：提起眼睑，用流动清水或生理盐水冲洗，就医。吸入：脱离现场至空气新鲜处。如呼吸困难，给输氧，就医。食入：饮足量温水，催吐，就医。

身体防护措施

泄漏处理及防火防爆措施
应急处理：隔离泄漏污染区，限制出入。切断火源。建议应急处理人员戴防尘面具(全面罩)，穿防毒服。避免扬尘，小心扫起，置于袋中转移至安全场所。若大量泄漏，用塑料布、帆布覆盖。收集回收或运至废物处理场所处置。

最高容许浓度	当地应急救援单位名称	当地应急救援单位电话
MAC(mg/m^3)：无	市消防中心 市人民医院	市消防中心：119 市人民医院：120

(b) 聚氯乙烯

图 3-2　聚氯乙烯工艺化学品安全周知卡

表点的翻盘检查；

（3）内操（I）主要完成异常工艺参数的调节、调稳操作。

图 3-3　聚氯乙烯工艺重大危险源安全警示牌

具体操作细则如表 3-2 所示。

表 3-2　聚氯乙烯交接班操作细则

序号	考核项	项目	分工	项目内容	考核内容
1	重大危险源管理	危险化学品安全周知卡	班长(M)	氯乙烯安全周知卡	见图 3-2
				聚氯乙烯安全周知卡	见图 3-2
		重大危险源安全警示牌		禁止标志	禁止烟火
					禁止吸烟
					禁止穿化纤服装
				警示标志	当心烫伤
					当心中毒
					当心爆炸
					当心火灾
2	现场巡查	装置现场工艺巡查	外操(P)	现场关键阀门巡检	聚合釜底阀 XV2001
					聚合釜夹套进口控制阀 XV2003
					聚合釜夹套出口控制阀 XV2004
					助剂控制阀 XV2005
					紧急终止剂控制阀 XV2006
				现场关键仪表及安全设施巡检	聚合釜压力表 PI2001
					聚合釜温度计 TI2001
					可燃气体报警器 1#
					可燃气体报警器 2#
					有毒气体报警器 1#
					有毒气体报警器 2#

续表

序号	考核项	项目	分工	项目内容	考核内容
3	工艺控制	生产工艺控制调节	内操(1)	工艺调节	将 FIV6001 调成手动
					调节流量值(调节 FIV6001 开度值控制流量,稳定一段时间)
					调稳后投自动

活动 1：学生分为三人一组并分配角色，其中内操、班长、外操各一名。要求能够描述各自的岗位职责和主要工作内容。

活动 2：根据 PVC 聚合工艺交接班考核内容，分小组完成交接班操作。

任务三
PVC聚合工艺事故处理

知识目标

（1）了解 PVC 聚合工艺事故处理方法；

（2）掌握 PVC 聚合工艺的事故处理内容。

能力目标

（1）能进行 PVC 聚合工艺事故处理；

（2）能正确进行个人防护用品穿戴及使用。

素质目标

（1）能够对资料进行整理、分析、归纳，并进行自主学习；

（2）培养安全意识、团队意识。

子任务一　聚合釜泄漏中毒事故处置

一、事故应急用品选用

PVC 聚合工艺发生聚合釜泄漏中毒事故，事故处置人员需要正确选用个人防护用品，包括化学防护服、正压式空气呼吸器，同时救人时需选用医用担架将中毒人员救出。

二、事故现象

（1）现场报警器报警。

（2）上位机聚合釜有毒气体报警器报警。

（3）聚合釜现场安全阀泄漏，有烟雾。

三、事故确认

1. 事故预警

[I]—报告班长，DCS 有毒气体报警器报警，原因不明。

2. 事故确认

[M]—收到，请外操进行现场查看。

3. 事故汇报

[P]—收到。报告班长，聚合工段聚合釜安全阀法兰泄漏，有人员中毒，初步判断可控。

4. 启动预案

[M]—收到。内操外操注意，立即启动聚合釜泄漏应急预案，立即启动聚合工段人员中毒预案。

5. 汇报调度室

[M]—报告调度室，聚合工段聚合釜发生泄漏事故，有人员中毒，已启动聚合釜泄漏应急预案和聚合工段人员中毒预案。

6. 软件选择事故

[I]—软件选择事故：聚合釜泄漏中毒事故。

四、事故处理

（1）[I]—将热媒出口控制阀 TV1102 调至手动并关闭（图 3-4）。

（2）[I]—关闭热媒进口控制阀 HV1102。

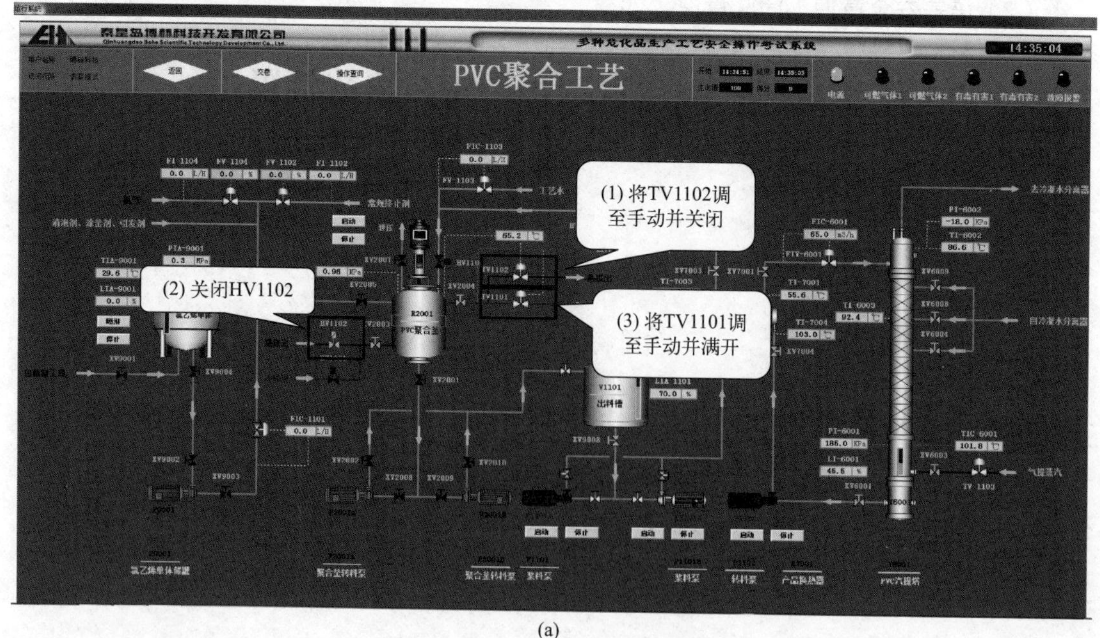

(a)

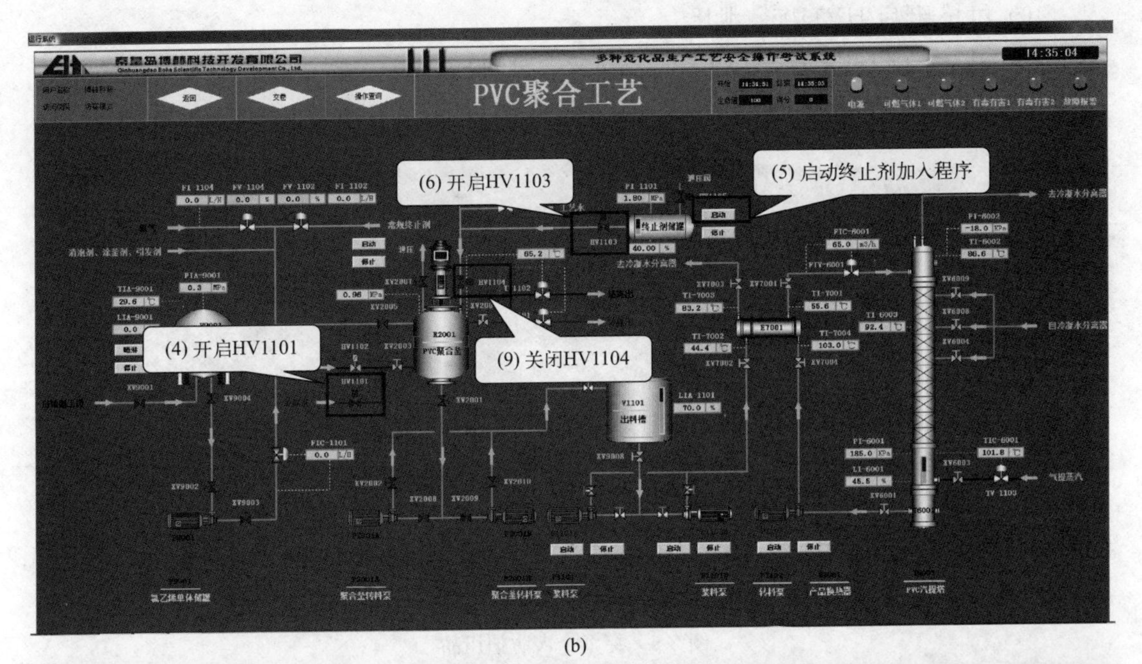

(b)

(c)

图 3-4　内操操作步骤

(3) [I]—将冷媒出口控制阀 TV1101 调至手动，满开。

(4) [I]—开启冷媒进口控制阀 HV1101。

(5) [I]—开启终止剂加入程序。

(6) [I]—开启 HV1103。

(7) [I]—密切关注终止剂加入，完成加入操作关闭终止剂加入程序。

(8) [I]—关闭 HV1103。

(9) [I]—关闭 HV1104。

（10）[I]—开启 HV1105，泄压。

（11）[I]—当 PI1101 降至 0.1MPa 以下后关闭 HV1105。

（12）[M/P]—穿戴个人防护用品：化学防护服、自给式呼吸器（图 3-5）。

图 3-5　穿戴个人防护用品

（13）[M/P]—使用担架将中毒人员转移至通风点。

（14）[P]—现场拉警戒线。

（15）[P]—开启聚合釜泄压阀门 XV2007（图 3-6）。

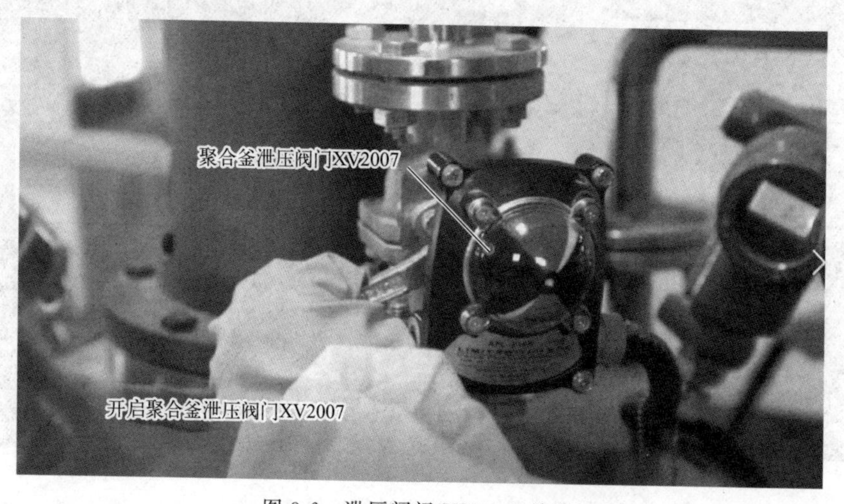

图 3-6　泄压阀门 XV2007 处理

（16）[P]—当温度稳定 58℃左右及釜内压力 PI2001 降至 0.1 以下时，关闭阀门 XV2007。

五、汇报及恢复

（1）班长报告调度室，事故处理完毕，请求恢复现场。

（2）恢复现场。

活动 1： 熟悉聚合釜泄漏中毒事故处理方法，按考核内容分组练习。

活动 2： 学生进行分组练习，按班长（M）、外操（P）、内操（I）三个人一组。评分标准见表 3-3，教师结合完成情况进行实时评价打分。结合学生学习成果进行教学反馈，并进行点评。重点放在知识点掌握、技能熟练度以及职业素养表现等方面。

表 3-3　PVC 聚合工艺中毒事故考核明细表

考核内容	考核项目：PVC 聚合工艺	评分标准	评分结果		配分	得分	备注
事故预警	关键词：报警器报警	汇报内容未包含关键词，本项不得分	是□	否□	3		
事故确认	关键词：现场查看	汇报内容未包含关键词，本项不得分	是□	否□	3		
事故汇报	关键词：聚合工段	汇报内容未包含关键词，本项不得分	是□	否□	3		
	关键词：聚合釜	汇报内容未包含关键词，本项不得分	是□	否□	3		
	关键词：安全阀	汇报内容未包含关键词，本项不得分	是□	否□	3		
	关键词：中毒	汇报内容未包含关键词，本项不得分	是□	否□	3		
	关键词：可控	汇报内容未包含关键词，本项不得分	是□	否□	3		
启动预案	关键词：泄漏应急预案	汇报内容未包含关键词，本项不得分	是□	否□	5		
	关键词：中毒应急预案	汇报内容未包含关键词，本项不得分	是□	否□	5		
汇报调度室	关键词：报告调度室	汇报内容未包含关键词，本项不得分	是□	否□	3		
	关键词：聚合工段/聚合釜/泄露应急预案/中毒应急预案	汇报内容未包含关键词，本项不得分	是□	否□	3		
防护用品的选择及使用	班长/外操防化服穿戴正确	胸襟粘合良好，无明显异常	是□	否□	5		
		腰带系好，无明显异常	是□	否□	5		
		颈带系好，无明显异常	是□	否□	5		

续表

考核内容	考核项目:PVC 聚合工艺	评分标准	评分结果		配分	得分	备注
防护用品的选择及使用	班长/外操呼吸器穿戴正确	面罩紧固良好,无明显异常	是□	否□	5		
		气阀与面罩连接稳固,未脱落	是□	否□	5		
安全措施	现场警戒 1#位置	未展开警戒线,本项不得分	是□	否□	5		
	现场警戒 2#位置	未展开警戒线,本项不得分	是□	否□	5		
担架的正确使用	伤员肢体在担架内(头部)	头部超出担架,本项不得分	是□	否□	3		
	胸部绑带固定	胸部插口未连接,本项不得分	是□	否□	3		
	腿部绑带固定	腿部插口未连接,本项不得分	是□	否□	3		
	抬起伤员时,先抬头后抬脚	抬起方式不正确,本项不得分	是□	否□	3		
	放下伤员时,先放脚后放头	放下方式不正确,本项不得分	是□	否□	3		
	搬运时伤员脚在前,头在后	搬运方式不正确,本项不得分	是□	否□	3		
中毒人员的转移正确	中毒人员转移至正确的位置(方向象限)	放置于正确象限,未完成不得分	是□	否□	5		
汇报调度室处理完成	完成后向教师汇报	未汇报教师,本项不得分	是□	否□	5		
合计:							

子任务二　氯乙烯球罐着火事故处置

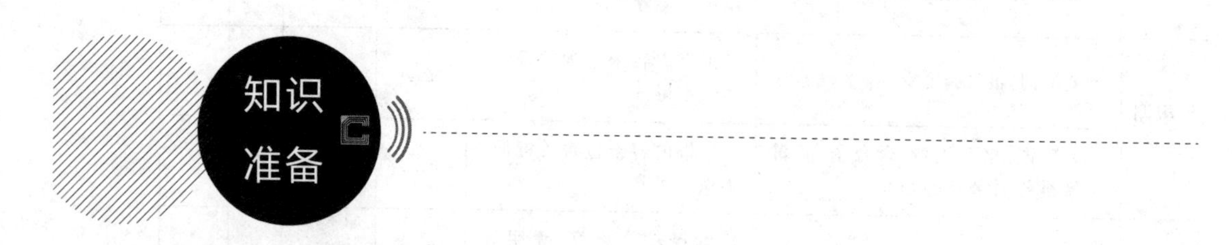

一、事故应急用品选用

氯乙烯是一种刺激物，短时接触低浓度，能刺激眼和皮肤，与其液体接触后由于快速蒸发能引起冻伤。对人体有麻醉作用，能抑制中枢神经系统。轻度中毒时病人出现眩晕、胸闷、嗜睡、步态蹒跚等；严重中毒可发生昏迷、抽搐，甚至造成死亡。慢性中毒时表现为神经衰弱综合征、肝肿大、肝功能异常、消化功能障碍、雷诺氏现象及肢端溶骨症。皮肤可出现干燥、皲裂、脱屑、湿疹等。氯乙烯为致癌物，可致肝血管肉瘤。因此针对氯乙烯具有毒性的性质，需要佩戴过滤式防毒面具，褐色综合防毒滤毒罐。

二、事故现象

（1）现场报警器报警。

（2）上位机可燃气体报警器报警。

（3）现场球罐有烟雾，火光。

三、事故确认

1. 事故预警

[I]—报告班长，DCS可燃气体报警器报警，原因不明。

2. 事故确认

[M]—收到，请外操进行现场查看。

3. 事故汇报

[P]—收到。报告班长，聚合工段氯乙烯球罐着火，无人员受伤，初步判断可控。

4. 启动预案

[M]—收到。内操外操注意，立即启动氯乙烯泄漏着火应急预案，立即启动环境应急预案。

5. 汇报调度室

[M]—报告调度室，聚合工段氯乙烯球罐发生泄漏着火事故，已启动氯乙烯泄漏着火应急预案和环境应急预案。

6. 软件选择事故

[I]—软件选择事故：氯乙烯球罐着火事故

四、事故处理

（1）[I]—启动球罐喷淋系统（图3-7）。

（2）[I]—拨打火警电话119。报告消防队，氯乙烯聚合工段氯乙烯球罐区发生火灾，起火介质为氯乙烯，火势可控，现场无人员伤亡，报警人氯乙烯聚合工段内操xxx，请立即赶往现场进行灭火。

（3）[M/P]—穿戴过滤式防毒面具、化学防护手套，进行静电消除。

（4）[P]—现场拉警戒线。

（5）[P]—关闭阀门XV9004。

（6）[P]—关闭阀门XV9001。

（7）[P]—选择消防器材（消防炮），开启进水控制阀（现场阀）（图3-8）。

（8）[P]—进行灭火操作考核（图3-9）。

五、汇报及恢复

（1）班长报告调度室，事故处理完毕，请求恢复现场。

（2）恢复现场。

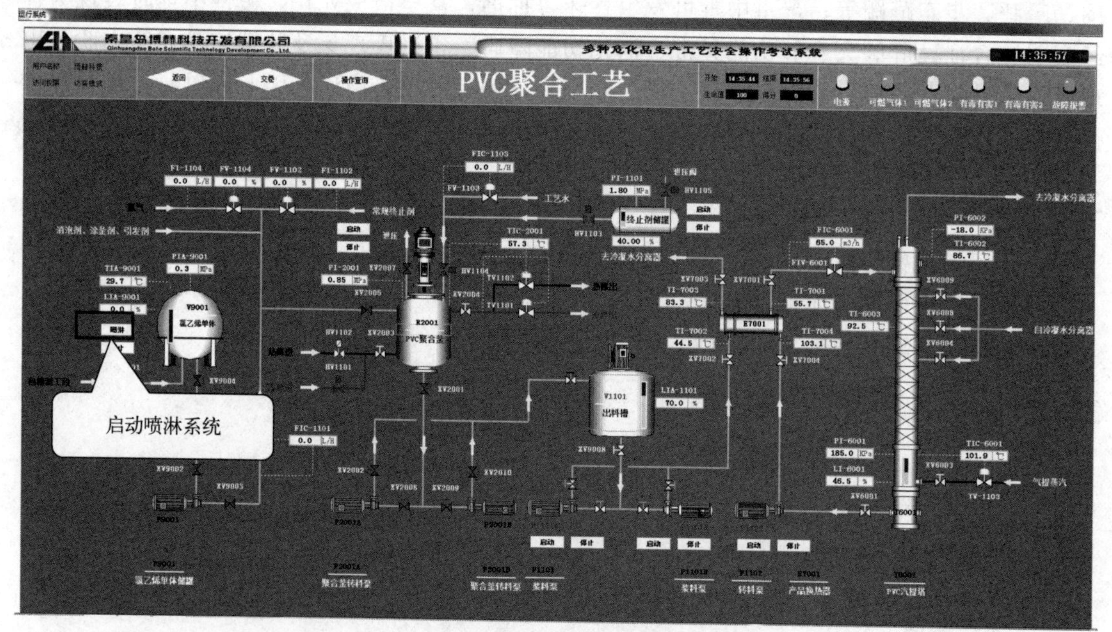

图 3-7　启动喷淋系统

图 3-8　开启消防炮

图 3-9　消防炮灭火点

活动1：熟悉氯乙烯球罐着火事故处理方法，按考核内容分组练习。

活动2：学生进行分组练习，按班长（M）、外操（P）、内操（I）三个人一组。评分标准见表3-4，教师结合完成情况进行实时评价打分。结合学生学习成果进行教学反馈，并进行点评。重点放在知识点掌握、技能熟练度以及职业素养表现等方面。

表3-4　氯乙烯球罐着火事故考核表

考核内容	考核项目(PVC聚合工艺)	评分标准	评分结果		配分	得分	备注
事故预警	关键词:报警器报警	汇报内容未包含关键词,本项不得分	是□	否□	4		
事故确认	关键词:现场查看	汇报内容未包含关键词,本项不得分	是□	否□	4		
事故汇报	关键词:聚合工段	汇报内容未包含关键词,本项不得分	是□	否□	4		
	关键词:氯乙烯球罐	汇报内容未包含关键词,本项不得分	是□	否□	4		
	关键词:罐区	汇报内容未包含关键词,本项不得分	是□	否□	4		
	关键词:无人员伤亡	汇报内容未包含关键词,本项不得分	是□	否□	4		
	关键词:可控	汇报内容未包含关键词,本项不得分	是□	否□	4		
启动预案	关键词:着火应急预案	汇报内容未包含关键词,本项不得分	是□	否□	6		
	关键词:环境应急预案	汇报内容未包含关键词,本项不得分	是□	否□	6		
汇报调度室	关键词:报告调度室	汇报内容未包含关键词,本项不得分	是□	否□	4		
	关键词:聚合工段/氯乙烯球罐/着火应急预案/环境应急预案	汇报内容未包含关键词,本项不得分	是□	否□	4		
防护用品的选择	班长/外操防毒面罩穿戴正确	收紧部位正常,无明显松动,有一人错误本项不得分	是□	否□	6		
	班长/外操防护手套穿戴正确	化学防护手套,佩戴规范,有一人错误本项不得分	是□	否□	6		
	滤毒罐3#罐(褐色)	选择滤毒罐佩戴,有一人错误本项不得分	是□	否□	11		
安全措施	班长/外操事故处理时进入装置前消除静电	有一人未消除静电,本项不得分	是□	否□	11		
	现场警戒1#位置	展开警戒线,将道路封闭,未操作本项不得分	是□	否□	6		
	现场警戒2#位置	展开警戒线,将道路封闭,未操作本项不得分	是□	否□	6		
汇报调度室处理完成	完成后向教师汇报	未汇报教师,本项不得分	是□	否□	6		
合计							

子任务三　汽提塔塔顶法兰泄漏事故处置

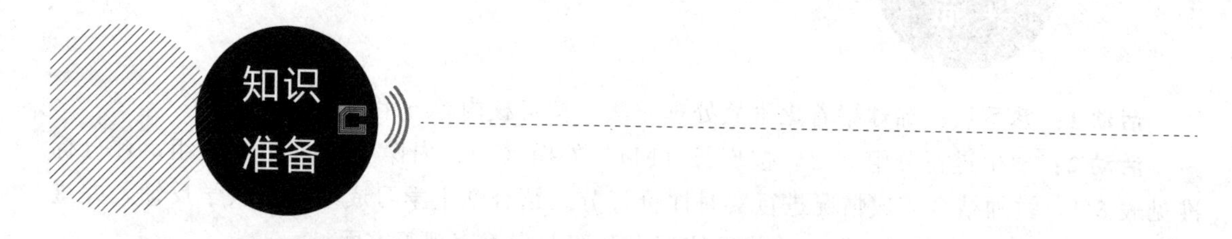

一、事故应急用品选用

PVC聚合工艺发生汽提塔塔顶法兰泄漏事故，主要泄漏物质为氯乙烯，针对氯乙烯具有有毒的性质，需要佩戴过滤式防毒面具，褐色综合防毒滤毒罐，同时穿戴化学防护服。

二、事故现象

（1）现场报警器报警。

（2）上位机可燃气体报警器报警。

（3）汽提塔塔顶法兰处有烟雾。

三、事故确认

1. 事故预警

[I]—报告班长，DCS可燃气体报警器报警，原因不明。

2. 事故确认

[M]—收到，请外操进行现场查看。

3. 事故汇报

[P]—收到。报告班长，聚合工段汽提塔塔顶法兰泄漏，暂无人员伤亡，初步判断可控。

4. 启动预案

[M]—收到。内操外操注意，立即启动汽提塔泄漏应急预案。

5. 汇报调度室

[M]—报告调度室，聚合工段汽提塔发生泄漏事故，已启动汽提塔泄漏应急预案。

6. 软件选择事故

[I]—软件选择事故：汽提塔塔顶法兰泄漏事故

四、事故处理

（1）[I]—将蒸汽控制阀TV1103调至手动并关闭。

（2）[I]—关闭物料进口控制阀，调成手动并关闭FIV6001。

（3）[I]—关闭泵P1102。

（4）[I]—关闭泵P1101A（图3-10）。

（5）[M/P]—穿戴过滤式防毒面具、化学防护手套，进行静电消除。

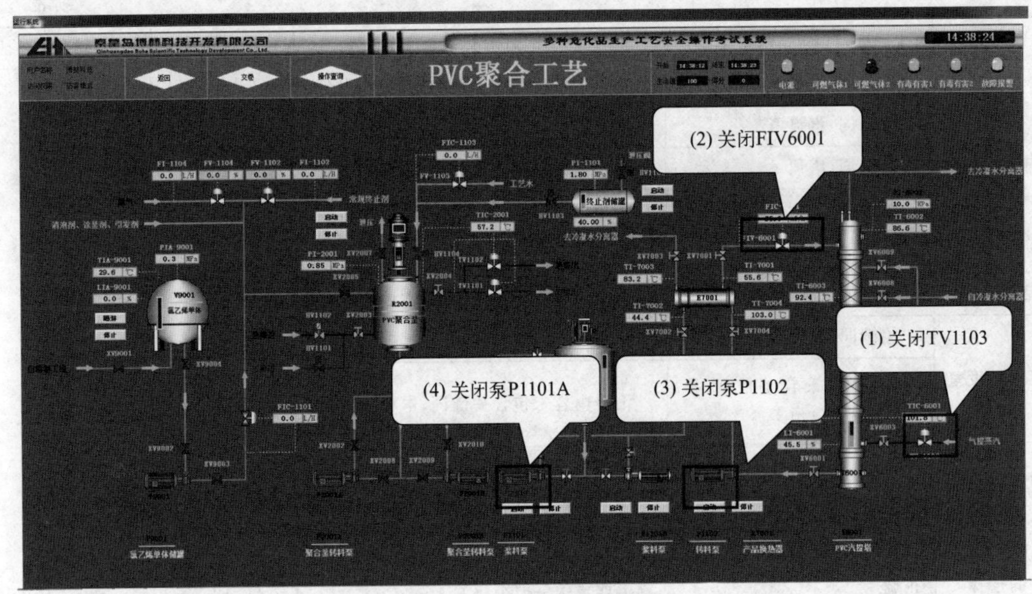

图 3-10　内操操作步骤

(6) [P]—现场拉警戒线。

(7) [P]—关闭阀门 XV6001。

(8) [P]—关闭阀门 XV6003。

(9) [P]—关闭阀门 XV6004。

(10) [P]—关闭阀门 XV6008。

(11) [P]—关闭阀门 XV6009。

五、汇报及恢复

(1) 班长报告调度室，事故处理完毕，请求恢复现场。

(2) 恢复现场。

活动 1： 熟悉汽提塔塔顶法兰泄漏事故处理方法，按考核内容分组练习。

活动 2： 学生进行分组练习，按班长（M）、外操（P）、内操（I）三个人一组。评分标准见表 3-5，教师结合完成情况进行实时评价打分。结合学生学习成果进行教学反馈，并进行点评。重点放在知识点掌握、技能熟练度以及职业素养表现等方面。

表 3-5　汽提塔塔顶法兰泄漏事故考核明细表

考核内容	考核项目(PVC 聚合工艺)	评分标准	评分结果		配分	得分	备注
事故预警	关键词:报警器报警	汇报内容未包含关键词,本项不得分	是□	否□	4		
事故确认	关键词:现场查看	汇报内容未包含关键词,本项不得分	是□	否□	4		

续表

考核内容	考核项目(PVC 聚合工艺)	评分标准	评分结果		配分	得分	备注
事故汇报	关键词:聚合工段	汇报内容未包含关键词,本项不得分	是□	否□	4		
	关键词:汽提塔	汇报内容未包含关键词,本项不得分	是□	否□	4		
	关键词:塔顶	汇报内容未包含关键词,本项不得分	是□	否□	4		
	关键词:无人员伤亡	汇报内容未包含关键词,本项不得分	是□	否□	4		
	关键词:可控	汇报内容未包含关键词,本项不得分	是□	否□	4		
启动预案	关键词:泄漏应急预案	汇报内容未包含关键词,本项不得分	是□	否□	8		
汇报调度室	关键词:报告调度室	汇报内容未包含关键词,本项不得分	是□	否□	4		
	关键词:聚合工段/汽提塔/泄漏应急预案	汇报内容未包含关键词,本项不得分	是□	否□	4		
防护用品的选择	班长/外操防毒面罩穿戴正确	收紧部位正常,无明显松动,有一人未佩戴或错误本项不得分	是□	否□	8		
	班长/外操防护手套穿戴正确	化学防护手套,佩戴规范,有一人未佩戴或错误本项不得分	是□	否□	8		
	滤毒罐 3#罐(褐色)	选择滤毒罐佩戴,有一人未佩戴或错误本项不得分	是□	否□	10		
安全措施	班长/外操事故处理时进入装置前消除静电	有一人未消除静电,本项不得分	是□	否□	10		
	现场警戒 1#位置	展开警戒线,将道路封闭	是□	否□	8		
	现场警戒 2#位置	展开警戒线,将道路封闭	是□	否□	8		
汇报调度室处理完成	完成后向教师汇报	汇报教师	是□	否□	4		
合计:							

子任务四　聚合釜超温超压事故处置

一、事故应急用品选用

PVC 聚合工艺发生聚合釜超温超压事故，事故处置人员需要正确选用个人防护用品，包括安全帽、工作服等。

二、事故现象

（1）现场报警器报警。

（2）上位机反应釜超温超压报警。

三、事故确认

1. 事故预警

[I]—报告班长，DCS合成塔温度压力高报，故障报警器报警，原因不明。

2. 事故确认

[M]—收到，请外操进行现场查看。

3. 事故汇报

[P]—收到。报告班长，聚合工段聚合釜压力表超压，暂无人员伤亡，初步判断可控。

4. 启动预案

[M]—收到。内操外操注意，立即启动聚合釜超温超压应急预案。

5. 汇报调度室

[M]—报告调度室，聚合工段聚合釜发生超温超压事故，已启动聚合釜超温超压应急预案。

6. 软件选择事故

[I]—软件选择事故：聚合釜超温超压事故。

四、事故处理

（1）[I]—关闭热媒进口控制阀HV1102。

（2）[I]—将热媒出口控制阀TIV1102调至手动并关闭。

（3）[I]—开启冷媒进口控制阀HV1101。

（4）[I]—将冷媒出口控制阀TIV1101调至手动，调节开度，控制温度。

（5）[P]—开启阀门XV2005。

（6）[I]—开启FV1102调节滴加常规终止剂。

（7）[I]—启动紧急终止剂控制按钮，准备随时加入。

（8）[I]—压力温度调节控制。

（9）[I]—达到目标温度压力后关闭FV1102。

（10）[I]—达到目标温度后TIV1101投自动。

（11）[I]—关闭终止剂控制按钮。

（12）[I]—开启HV1105，泄压（图3-11）。

（13）[I]—当PI1101为0.1MPa以下后关闭HV1105。

（14）[P]—关闭阀门XV2005。

（15）[P]—检查XV2003满开（翻牌）。

（16）[P]—检查XV2004满开（翻牌）。

（17）[P]—检查XV2006满开（翻牌）。

（18）[P]—检查XV2001关闭（翻牌）。

五、汇报及恢复

（1）班长报告调度室，事故处理完毕，请求恢复现场。

（2）恢复现场。

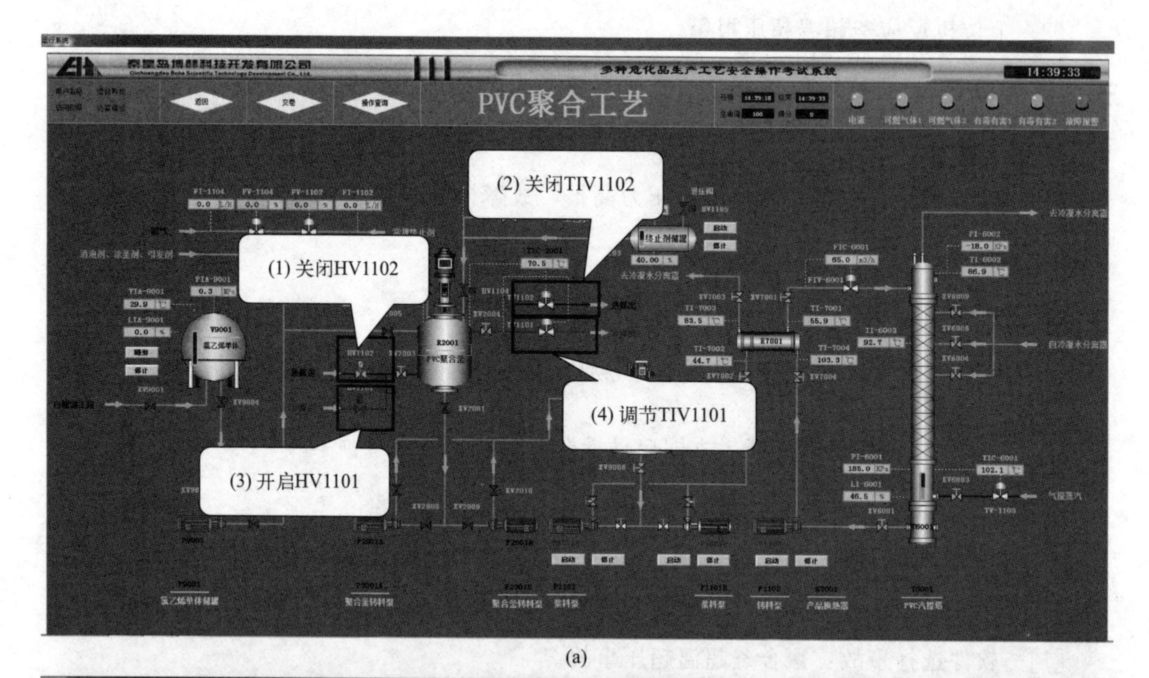

(a)

(b)

图 3-11　内操操作步骤

活动 1：熟悉聚合釜超温超压事故处理方法，按考核内容分组练习。

活动 2：学生进行分组练习，按班长（M）、外操（P）、内操（I）三个人一组。评分标准见表 3-6，教师结合完成情况进行实时评价打分，结合学生学习成果进行教学反馈，并进行点评。重点放在知识点掌握、技能熟练度以及职业素养表现等方面。

表 3-6 聚合釜超温超压事故考核明细表

考核内容	考核项目(PVC 聚合工艺)	评分标准	评分结果		配分	得分	备注
事故预警	关键词:报警器报警	汇报内容未包含关键词,本项不得分	是□	否□	5		
事故确认	关键词:现场查看	汇报内容未包含关键词,本项不得分	是□	否□	5		
事故汇报	关键词:聚合工段	汇报内容未包含关键词,本项不得分	是□	否□	5		
	关键词:聚合釜	汇报内容未包含关键词,本项不得分	是□	否□	5		
	关键词:压力表超压	汇报内容未包含关键词,本项不得分	是□	否□	5		
	关键词:无人员伤亡	汇报内容未包含关键词,本项不得分	是□	否□	5		
	关键词:可控	汇报内容未包含关键词,本项不得分	是□	否□	5		
启动预案	关键词:超温超压应急预案	汇报内容未包含关键词,本项不得分	是□	否□	10		
汇报调度室	关键词:报告调度室	汇报内容未包含关键词,本项不得分	是□	否□	5		
	关键词:聚合工段/聚合釜/超温超压应急预案	汇报内容未包含关键词,本项不得分	是□	否□	5		
关键阀门检查	检查 XV2003	将状态牌旋转至“事故时-事故勿动”,未操作本项不得分	是□	否□	10		
	检查 XV2004	将状态牌旋转至“事故时-事故勿动”,未操作本项不得分	是□	否□	10		
	检查 XV2006	将状态牌旋转至“事故时-事故勿动”,未操作本项不得分	是□	否□	10		
	检查 XV2001	将状态牌旋转至“事故时-事故勿动”,未操作本项不得分	是□	否□	10		
汇报调度室处理完成	完成后向教师汇报	汇报教师	是□	否□	5		
合计:							

子任务五 聚合工段短时停电事故处置

一、事故现象

(1) 现场无声音，停电。

(2) 上位机动力电故障报警器报警。

二、事故确认

1. 事故预警

[I]—报告班长，DCS 动力电故障报警器报警，原因不明。

2. 事故确认

[M]—收到，请外操进行现场查看。

3. 事故汇报

[P]—收到。报告班长，聚合工段聚合釜动力电故障，暂无人员伤亡，初步判断可控。

4. 启动预案

[M]—收到。内操外操注意，立即启动聚合釜停电应急预案。

5. 汇报调度室

[M]—报告调度室，聚合工段发生动力电故障，已启动停电应急预案。

6. 软件选择事故

[I]—软件选择事故：聚合工段短时停电事故。

三、事故处理

(1) [I]—关闭热媒进口控制阀 HV1102。

(2) [I]—将热媒出口控制阀 TIV1102 调至手动并关闭。

(3) [I]—开启冷媒控制阀 HV1101。

(4) [I]—将冷媒出口控制阀 TIV1101 调至手动，开度调 100%，控制温度。

(5) [P]—检查 XV2003 满开（翻牌）。

(6) [P]—检查 XV2004 满开（翻牌）。

(7) [P]—检查 XV2006 满开（翻牌）。

(8) [P]—检查 XV2001 关闭（翻牌）。

(9) [I]—供电恢复后点开聚合釜搅拌电机。

(10) [I]—将冷媒出口控制阀 TIV1101 关闭。

(11) [I]—关闭冷媒进口控制阀 HV1101。

(12) [I]—开启热媒进口控制阀 HV1102（图 3-12）。

(13) [I]—调节热媒出口控制阀 TIV1102 继续升温。

(14) [I]—压力温度调节控制。

(15) [I]—升温（TI2001）至 58℃左右后，关闭 HV1102。

(16) [I]—关闭 TIV1102。

(17) [I]—开启冷媒进口控制阀 HV1101。

(18) [I]—将冷媒出口控制阀 TIV1101 开启并投自动。

四、汇报及恢复

(1) 班长报告调度室，事故处理完毕，请求恢复现场。

(2) 恢复现场。

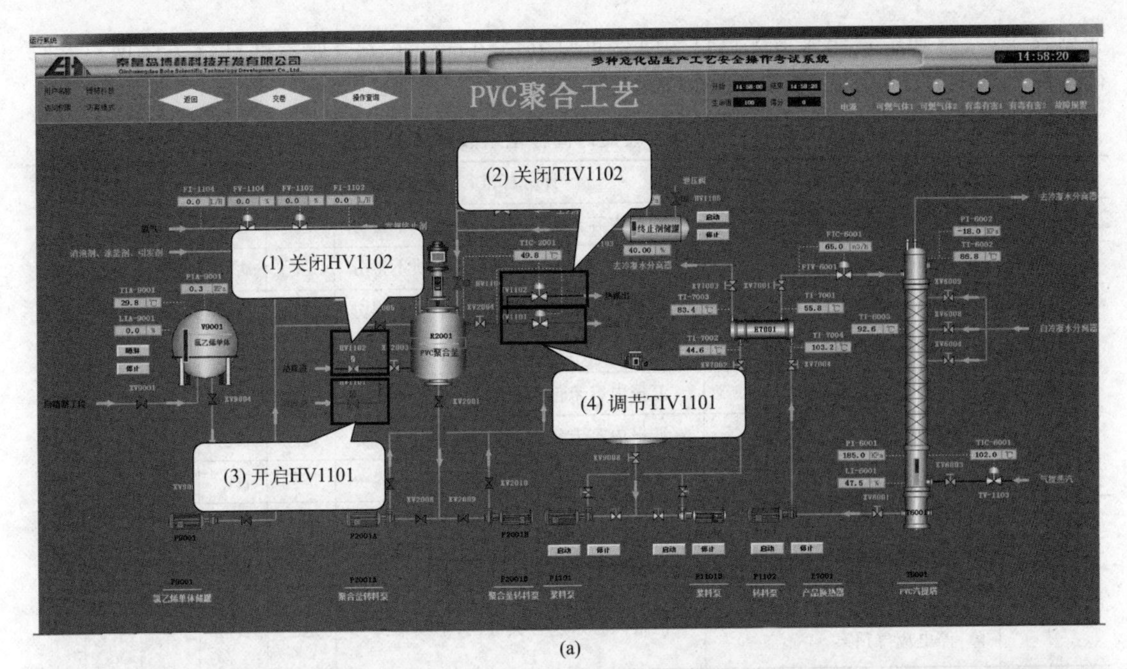

(a)

(9) 点开聚合釜搅拌电机

(12) 开启HV1102

(10) 关闭TIV1101

(11) 关闭HV1101

(b)

图 3-12 内操操作步骤

活动 1： 熟悉聚合工段短时间停电事故处理方法，按考核内容分组练习。

活动 2： 学生进行分组练习，按班长（M）、外操（P）、内操（I）三个人一组。评分标准见表 3-7，教师结合完成情况进行实时评价打分。结合学生学习成果进行教学反馈，并进行点评。重点放在知识点掌握、技能熟练度以及职业素养表现等方面。

表 3-7　聚合工段短时间停电事故考核明细表

考核内容	考核项目(PVC 聚合工艺)	评分标准	评分结果		配分	得分	备注
事故预警	关键词:报警器报警	汇报内容未包含关键词,本项不得分	是□	否□	5		
事故确认	关键词:现场查看	汇报内容未包含关键词,本项不得分	是□	否□	5		
事故汇报	关键词:聚合工段	汇报内容未包含关键词,本项不得分	是□	否□	5		
	关键词:聚合釜	汇报内容未包含关键词,本项不得分	是□	否□	5		
	关键词:动力电故障	汇报内容未包含关键词,本项不得分	是□	否□	5		
	关键词:无人员伤亡	汇报内容未包含关键词,本项不得分	是□	否□	5		
	关键词:可控	汇报内容未包含关键词,本项不得分	是□	否□	5		
启动预案	关键词:停电应急预案	汇报内容未包含关键词,本项不得分	是□	否□	10		
汇报调度室	关键词:报告调度室	汇报内容未包含关键词,本项不得分	是□	否□	5		
	关键词:聚合工段/动力电故障/停电应急预案	汇报内容未包含关键词,本项不得分	是□	否□	5		
关键阀门检查	检查 XV2003	将状态牌旋转至“事故时-事故勿动”,未操作本项不得分	是□	否□	10		
	检查 XV2004	将状态牌旋转至“事故时-事故勿动”,未操作本项不得分	是□	否□	10		
	检查 XV2006	将状态牌旋转至“事故时-事故勿动”,未操作本项不得分	是□	否□	10		
	检查 XV2001	将状态牌旋转至“事故时-事故勿动”,未操作本项不得分	是□	否□	10		
汇报调度室处理完成	完成后向教师汇报	汇报教师	是□	否□	10		
合计:							

模块四

柴油加氢工艺安全操作

本模块是基于多种危化品工艺安全实训装置完成的，装置通过虚拟技术模拟故障或事故发生时的场景，如火灾、中毒、大面积泄漏、超温超压和断电等事故类型，利用现场操作和软件操作DCS系统完成事故处置。

柴油是石油经过常压分馏后得到的产物。如果直接由石油炼制得到，柴油中的硫、氮、氧含量较高，烯烃的含量也比较高。产品中烯烃的含量高则容易出现变色现象，而且还会影响机动车的使用寿命，增加大气污染的程度。

为了克服上面这些问题、提高柴油的使用性能，在柴油的加工过程中，一般会引进加氢工艺：一方面可以降低柴油中硫、氮、氧、烯烃的含量，提高产品的安定性；另一方面也可以减少产品对大气污染的影响程度。

任务一
柴油加氢工艺认知

知识目标

（1）了解柴油加氢工艺的流程；

（2）掌握柴油加氢工艺的生产特点。

能力目标

（1）能够识别柴油加氢工艺现场设备；

（2）能够识读柴油加氢工艺流程图。

素质目标

（1）能够对资料进行整理、分析、归纳，并进行自主学习；

（2）培养安全意识、团队意识。

一、柴油加氢工艺介绍

加氢处理，也称加氢精制，是石油产品最重要的精制方法之一。指在氢压和催化剂存在下，使油品中的硫、氧、氮等有害杂质转变为相应的硫化氢、水、氨而除去，并使烯烃和二烯烃加氢饱和、芳烃部分加氢饱和，从而提高油品的贮存安定性、颜色、气味、燃烧性能等指标，提高油品质量。

加氢精制进行的化学反应主要包括烯烃和芳烃加氢饱和，含氧、硫、氮非烃类化合物的加氢分解以及少量芳烃的开环、断链和缩合反应。

加氢精制可用于各种来源的汽油、煤油、柴油的精制，催化重整原料的精制，润滑油、石油蜡的精制，喷气燃料中芳烃的部分加氢饱和，燃料油的加氢脱硫，渣油脱重金属及脱沥青预处理等。

二、柴油加氢工艺流程

(1) 经过过滤的原料油进入原料油罐 V9002 作为加氢反应的原料油。原料油经反应进料泵 P9002 升压后与新氢压缩机 F1101 送来的氢气及硫化剂混合，送入反应产物/混合进料换热器 E7001 与反应产物换热，完成混氢油预热。

(2) 预热后的混氢油通过反应进料加热炉 F1001 加热到反应所需温度，进入加氢精制反应器 R3001，混氢油在反应器中催化剂的作用下，进行加氢精制反应。在加氢精制反应器的催化剂床层间设有控制反应温度的急冷氢（急冷氢由循环氢压缩机 F1101 供给）。

(3) 反应产物经换热器 E7001 与混合进料换热，冷却后进入高压分离器 F1103 进行气、油、水三相分离。为防止低温下铵盐结晶堵塞高压空冷器，用除盐水注入高压分离器。

(4) 从高压分离器 F1103 分离出来的气体（循环氢），在循环氢分液罐 V1101 中分液，液体进入冷低压分离器 F4001，气体经循环氢压缩机 F1101 升压后，一路作为急冷氢注入催化剂床层；一路与自新氢压缩机 F1101 来的补充新氢混合，随原料油进入反应产物/混合进料换热器，返回反应系统。

(5) 高压分离器 F1103 脱除的含硫污水减压后与低压分离器 F4001 脱除的含硫污水汇合出装置至污水汽提装置处理。

(6) 从高压分离器 F1103 分离出来的油相经减压后进入低压分离器 F4001，继续气、油、水三相分离。

(7) 从低压分离器 F4001 分离出来的气相经过减压后出装置，分离出来的液相含硫污水与高压分离器含硫污水混合，出装置至污水汽提装置处理。

(8) 从低压分离器 F4001 分离出来的油相冷低分油在精制柴油/低分油换热器和精柴油产品换热后进入脱硫化氢汽提塔 T6001。冷低分油进入汽提塔第 26 层塔板，在塔中脱除轻烃和硫化氢。

(9) 塔顶气相经塔顶水冷器 E7001 冷却后进入汽提塔塔顶回流罐 V1102，回流罐顶的干气出装置，液体经汽提塔顶回流泵 P1102 送回汽提塔作为塔顶回流。

(10) 汽提塔底油相经泵 P1101 送去精馏工段。

工艺流程如图 4-1 所示。

三、柴油加氢工艺安全分析

1. 物料危害因素分析

柴油加氢工艺在生产过程中涉及的主要物料柴油、氢气及使用的燃料气均为可燃、易燃、易爆的气体和液体，生产过程还可产生一定量的硫化氢，属于有毒危险物质。装置存在的主要危害因素为火灾爆炸、中毒，此外还存在高温灼烫、触电、噪声、机械伤害、高处坠落及物体打击等危险有害因素。

2. 工艺安全分析

柴油加氢反应是放热反应，高温、高压操作，涉及的介质主要是约在 400℃ 反应的柴油、压力约为 8.0MPa 的氢气，还有轻烃、汽油等轻烃物质。加氢装置主要工艺危险特点如下。

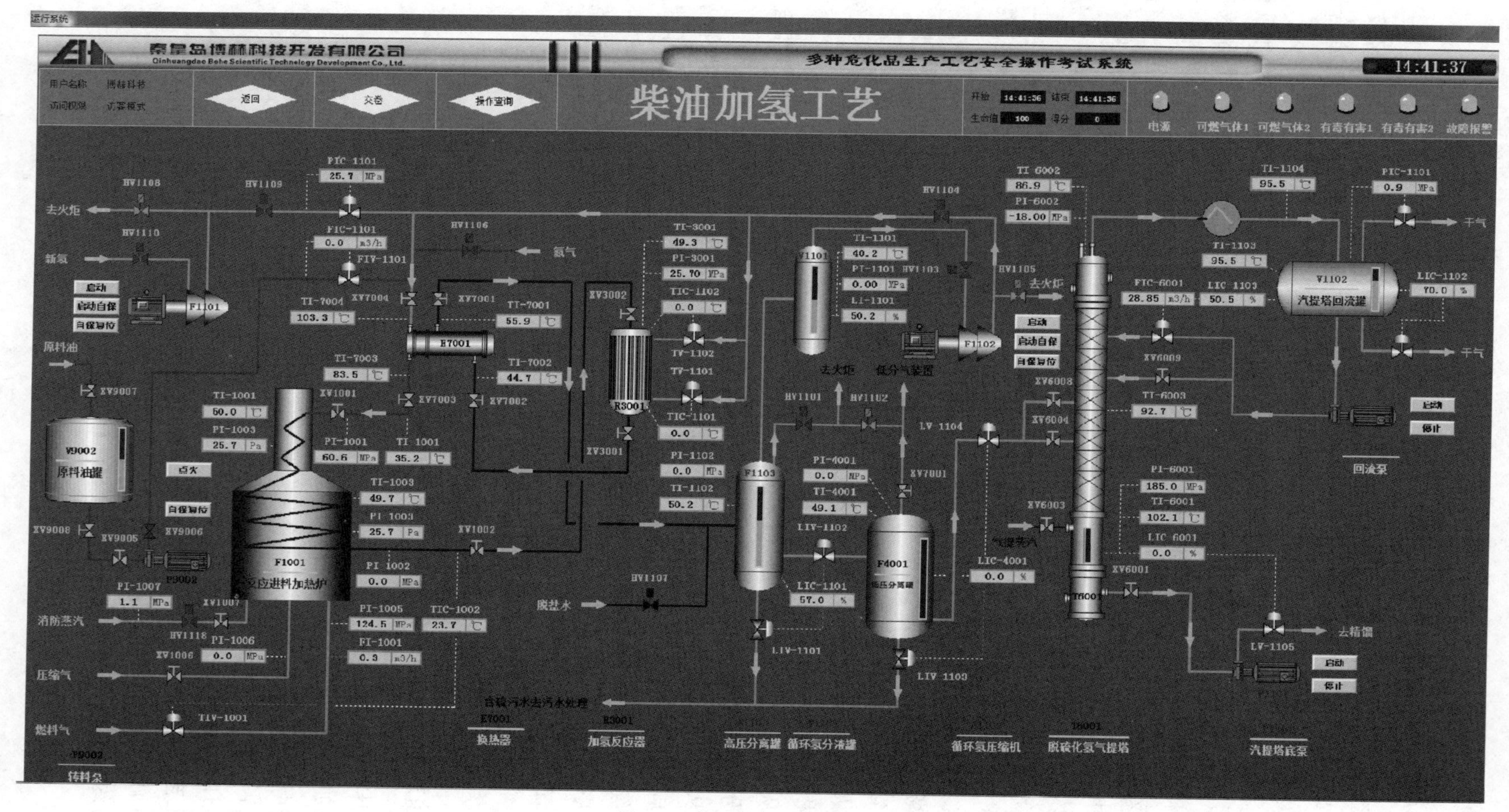

图 4-1 柴油加氢工艺流程图

（1）加氢反应器入口温度通过调节加热炉燃料气压力和流量来控制，加氢反应为放热反应，若反应器温度失控，注急冷氢流量不稳或氢气输送管道不合理、管线不通畅及处理不当将导致反应器超温超压，引起火灾、爆炸。

（2）加氢反应系统压力由新氢加入量控制，若新氢或循环氢压缩机故障停车，加氢反应器应及时切断热源或原料油供料，若处理不当，反应系统将发生高温结焦或反应器超温而引起火灾、爆炸。

（3）高压分离器操作压力约为 8MPa，低压分离器操作压力约为 3MPa，生产过程中若高分离器液面控制过低，易发生高压气串入低压分离器，而导致设备破坏或引起重大事故。

（4）原料油流量低或中断，易发生反应器超温、超压而引发事故。

（5）压缩机设备润滑油温度高、压力低、轴位移、轴震动等若处理不及时或处理不当，将损坏设备，影响装置正常生产。

（6）当装置出现泄漏或突发性故障时，应紧急泄放反应系统压力，否则会扩大事故。

3. 安全防护措施

（1）消防设施。加氢装置内设有环行消防道路，以利于发生事故时消防车进出。装置内设置有消防水炮和一定数目的干粉式灭火器。

（2）防火、防爆。加氢装置内的介质多为易燃、易爆介质，加氢装置内的电器、仪表设备均选用防爆型设备，管道、设备上安装防静电接地设施。

（3）可燃气体报警器。在可能发生可燃性气体泄漏的位置，安装可燃气体报警器。

（4）安全防护用品。由于加氢装置内有 H_2S 等有毒气体，所以车间配备有防毒面具、正压式呼吸器等安全防护用品。

（5）工艺安全措施。工艺设计时对原料罐采用氮气措施，并设压力控制系统及安全排放设施（安全阀）以防止原料油倒串影响系统安全生产。为防止高压分离器、低压分离器之间发生高压串低压的事故，应在高压分离器安装可靠的液位检测系统、超低液位报警和联锁装置。为防止装置在停水、停电、停汽故障或操作出现异常时发生物料倒流，应在设备、管道设置自动切断阀、止回阀等安全设施。

活动 1： 查阅资料，完成柴油加氢工艺反应原料和产品性质表（表 4-1）。

表 4-1 PVC 聚合工艺反应原料和产品性质表

原料和产品	物理性质	化学性质	危险性	防护措施

活动 2： 根据工艺流程查找主要工艺设备，分小组对照装置描述工艺流程（表述清楚设备名称、位置及设备仪表、阀门等）。

任务二
柴油加氢工艺交接班操作

知识目标

（1）了解各岗位工作内容；

（2）掌握柴油加氢工艺的交接班主要内容。

能力目标

（1）能辨识柴油加氢工艺的危害因素；

（2）能进行柴油加氢工艺交接班操作。

素质目标

（1）能够对资料进行整理、分析、归纳，并进行自主学习；

（2）培养安全意识、团队意识。

案例

某日凌晨0时12分，某电化有限公司2号电石炉停电准备处理炉内料面板。1时10分左右，在处理炉内料面板过程中电石炉发生塌料，导致高温气体和烟灰向外喷出，致使现场作业的20名员工不同程度烧伤，其中4人抢救无效死亡。

事故原因：企业安全生产主体责任不落实，存在违章指挥、违章作业、违反劳动纪律等问题。比如违规放水炮；严重违反交接班管理制度，违规将两个班的工作人员同时安排清理料面，造成作业人员数量超标；现场作业人员没有按规定穿戴化学防护服及防护用具。

一、柴油加氢工艺重大危险源管理

1. 安全周知卡

柴油加氢工艺涉及的主要危险化学品有柴油、氢气和硫化氢，其危险化学品安全周知卡如图 4-2 所示。

危险化学品安全周知卡

危险性提示词	品名、英文名及UN编号	危险性标志
易燃! 有毒! 刺激!	柴油 Diesel oil UN编号：1202	

危险性理化数据	危险特性
闪点(℃)：60～90 熔点(℃)：−18 相对密度(水=1)：0.87～0.9 相对密度(空气=1)：3.38 爆炸极限(%)：0.5～5	遇明火、高热或与氧化剂接触，有引起燃烧爆炸的危险。若遇高热，容器内压增大，有开裂和爆炸的危险。

接触后表现	现场急救措施
皮肤接触可为主要吸收途径，可致急性肾脏损害。柴油可引起接触性皮炎、油性痤疮。吸入其雾滴或液体呛入可引起吸入性肺炎。能经胎盘进入胎儿血中。柴油废气可引起眼、鼻刺激症状，头晕及头痛。	皮肤接触：脱去污染的衣着，用肥皂水和清水彻底冲洗皮肤。 眼睛接触：提起眼睑，用流动清水或生理盐水冲洗。就医。 吸入：迅速脱离现场至空气新鲜处。保持呼吸道通畅。如呼吸困难，给输氧。如呼吸停止，立即进行人工呼吸。就医。

个体防护措施

泄漏应急处理
迅速撤离泄漏污染区人员至安全区，并进行隔离，严格限制出入。切断火源。建议应急处理人员戴自给正压式呼吸器，穿一般作业工作服。尽可能切断泄漏源。防止流入下水道、排洪沟等限制性空间。小量泄漏：用活性炭或其它惰性材料吸收。大量泄漏：构筑围堤或挖坑收容。用泵转移至槽车或专用收集器内，回收或运至废物处理场所处理。

最高容许浓度	应急救援单位名称	应急救援单位电话
MAC(mg/m^3)：无标准	市消防中心 市人民医院	市消防中心：119 市人民医院：120

(a) 柴油

图 4-2

危险化学品安全周知卡

危险性类别	品名、英文名称及分子式、CAS号	危险性标志
易燃，易爆	氢气 Hydrogen H_2 CAS号：1333-74-0	易燃气体 2

危险性理化数据	危险特性
熔点(℃)：−259.2 沸点(℃)：−252.8 相对密度：0.07 临界温度(℃)：−240 临界压力(MPa)：1.3 溶解性：不溶于水、不溶于乙醇	氢气极易燃烧，燃烧时，其火焰无颜色，肉眼无法看见。氢气能与空气、氧气及有氧化性的蒸汽形成燃烧爆炸性混合物，遇明火高热能引起燃烧爆炸，与氧化剂能发生化学反应。氢气比空气轻，易扩散，氢气在设备及管路中流动容易产生和积累静电。

接触后表现	现场急救措施
本品在生理学上是惰性气体，仅在高浓度时，由于空气中氧分压降低才引起窒息。在很高的分压下，氢气可呈现出麻醉作用。与空气混合形成爆炸性混合物，遇热或明火即会发生爆炸。	皮肤接触：如果发生冻伤，将患处浸泡于38℃～42℃的温水中复温，不要涂擦，不要使用热水或辐射热，使用清洁、干燥的敷料包扎。就医。 眼睛接触：一般不会通过该途径接触。 吸入：迅速脱离现场至空气新鲜处。保持呼吸道通畅。如呼吸困难，给输氧。如呼吸停止立即进行人工呼吸。就医。 食入：不会通过该途径接触。

个体防护措施

• 必须戴防护眼镜

• 必须穿防护服

注意通风

• 必须戴防护眼镜

泄漏处理及防火防爆措施

泄漏处理：迅速撤离泄漏污染区人员至上风口，并隔离直至气体散尽，切断火源。建议应急处理人员戴自给式呼吸器，穿一般消防防护服。切断气源，抽排(室内)或强力通风(室外)，如有可能，将漏出气用排风机送至空旷处或装设适当喷头烧掉。漏气容器不能再用，且要经过技术处理以清除可能剩下的气体。
灭火方法：当氢气泄漏已发生火灾时，在切断气源、做好堵漏准备以及将火焰控制在较小范围的情况下，可用干粉灭火器将火扑灭，然后迅速将漏点堵住，同时继续加强设备冷却，直到设备温度冷至常温。
灭火剂：抗溶性泡沫、干粉、二氧化碳、砂土。当未切断气源，漏点没有把握堵住前，消防人员要加强冷却正在燃烧的和与其相邻的贮罐及有关管道，将火控制在一定范围内，让其稳定燃烧。对相邻贮罐宜重点冷却受火焰辐射的一面，同时，应将着火罐放空，以减少罐内压力，防止发生爆炸。

最高容许浓度	当地应急救援单位名称	当地应急救援单位电话
MAC(mg/m^3)：未制定	市消防中心	市消防中心：119
	市人民医院	市人民医院：120

(b) 氢气

危险化学品安全周知卡

危险性提示词	品名、英文名及分子式、CAS号	危险性标志
易燃! 有毒! 刺激!	硫化氢 hydrogen sulfide H_2S CAS号：7783-06-4	

危险性理化数据	危险特性
外观与性状：无色、有恶臭的气体 熔点(℃)：-85.5 沸点(℃)：-60.4 相对蒸气密度(空气=1)：1.19 燃点(℃)：260 爆炸极限：4%～46%	易燃，与空气混合能形成爆炸性混合物，遇明火、高热能引起燃烧爆炸。与浓硝酸、发烟硝酸或其它强氧化剂剧烈反应，发生爆炸。气体比空气重，能在较低处扩散到相当远的地方，遇火源会着火回燃。 本品是强烈的神经毒物，对黏膜有强烈刺激作用。 禁配物：强氧化剂、碱类。

接触后表现	现场急救措施
急性中毒：短期内吸入高浓度硫化氢后出现流泪、眼痛、眼内异物感、畏光、视物模糊、流涕、咽喉部灼热感、咳嗽、胸闷、头痛、头晕、乏力、意识模糊等。部分患者可有心肌损害。重者可出现脑水肿、肺水肿。极高浓度(1000mg/m³以上)时可在数秒钟内突然昏迷，呼吸和心跳骤停，发生闪电型死亡。高浓度接触眼结膜发生水肿和角膜溃疡。长期低浓度接触，引起神经衰弱综合征和植物神经功能紊乱。	皮肤接触：脱去污染的衣着，用流动清水冲洗至少15分钟。 眼睛接触：提起眼睑，用流动清水或生理盐水冲洗至少15分钟，严重者立即就医。 吸入：迅速脱离现场至空气新鲜处。呼吸心跳停止时，立即进行人工呼吸和胸外心脏按压术，就医。

个体防护措施

泄漏应急处理
迅速撤离泄漏污染区人员至安全区，并进行隔离，严格限制出入。切断火源。建议应急处理人员戴自给正压式呼吸器，穿防静电工作服。尽可能切断泄漏源，防止流入下水道、排洪沟等限制性空间。 小量泄漏：用砂土或其它不燃材料吸附或吸收，也可以用大量水冲洗，洗水稀释后放入废水系统。 大量泄漏：构筑围堤或挖坑收容。用泡沫覆盖，降低蒸气灾害，用防爆泵转移至槽车或专用收集器内，回收或运至废物处理场所处置。

最高容许浓度	应急救援单位名称	应急救援单位电话
MAC(mg/m³)：10	市消防中心 市人民医院	市消防中心：119 市人民医院：120

(c) 硫化氢

图 4-2　柴油加氢工艺化学品安全周知卡

2. 重大危险源安全警示牌

此工艺主要涉及的危险化学品是柴油、氢气及硫化氢。通过查看这三种危险化学品的安全周知卡（图 4-2），可知柴油和氢气的主要危险特性是易燃、易爆，而硫化氢主要危险特性是有毒、易燃。因此现场操作过程中需要当心火灾、当心爆炸、当心中毒，同时柴油加氢反应属于放热反应，还要当心烫伤，为了保证作业安全，避免发生火灾爆炸，要严格控制点火源，禁止吸烟、禁止烟火，禁止穿化纤衣服以免产生静电，发生火灾爆炸。

柴油加氢工艺重大危险源安全警示牌如图 4-3 所示。

图 4-3 柴油加氢工艺重大危险源安全警示牌

二、柴油加氢工艺重要的阀门及仪表认知

本次工艺涉及的主要设备是 F1001 反应进料加热炉、R3001 加氢反应器。巡检时需要注意加氢反应器出口阀 XV3001、入口阀 XV3002，反应器的安全附件主要包括压力表 PI3001、温度传感器 TI3001，需要严格控制反应的温度和压力保证产品质量。原料需要经过 F1001 加热炉加热到所需要的温度再进入反应器，因此需要注意 F1001 加热炉物料进料控制阀 XV1001、物料出料控制阀 XV1002、瓦斯进气控制阀 TIV1001。

三、柴油加氢工艺交接班内容

柴油加氢工艺交接班主要有三个岗位，交接班考核内容由三名同学分别各自完成，其中：

(1) 班长（M）主要完成重大危险源管理的相关考核内容，包含安全周知卡和安全警示标识；

(2) 外操（P）主要完成现场工艺巡检的相关考核内容，包括现场关键点阀门及关键仪表点的翻盘检查；

(3) 内操（I）主要是完成异常工艺参数的调节、调稳操作。

具体操作细则如表 4-2 所示。

表 4-2 柴油加氢交接班操作细则

序号	考核项	项目	分工	项目内容	考核内容
1	重大危险源管理	危险化学品安全周知卡	班长(M)	氯乙烯安全周知卡	
				聚氯乙烯安全周知卡	
		重大危险源安全警示牌		禁止标志	禁止烟火
					禁止吸烟
					禁止穿化纤服装

续表

序号	考核项	项目	分工	项目内容	考核内容
1	重大危险源管理	重大危险源安全警示牌	班长(M)	警示标志	当心烫伤
					当心中毒
					当心爆炸
					当心火灾
2	现场巡查	装置现场工艺巡查	外操(P)	现场关键阀门巡检	反应器入口 XV3002
					反应器出口 XV3001
					物料进料控制阀 XV1001
					物料出料控制阀 XV1002
					瓦斯进气控制阀 TIV1001
				现场关键仪表及安全设施巡检	反应器压力 PI3001
					反应器温度 TI3001
					可燃气体报警器 1#
					可燃气体报警器 2#
					有毒气体报警器 1#
					有毒气体报警器 2#
3	工艺控制	生产工艺控制调节	内操(I)	工艺调节	将 TIV1001 调成手动
					调节流量值
					调稳后投自动

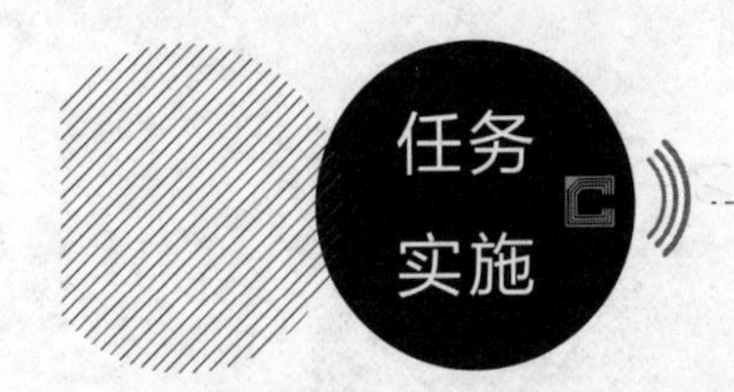

活动 1：学生分为三人一组并分配角色，其中内操、班长、外操各一名。要求能够描述各自的岗位职责和主要工作内容。

活动 2：根据柴油加氢工艺交接班考核内容（表 4-2），分小组完成交接班操作。

任务三
柴油加氢工艺事故处置

知识目标

（1）了解柴油加氢工艺事故处理方法；

（2）掌握柴油加氢工艺的事故处理内容。

能力目标

（1）能进行柴油加氢工艺事故处理；

（2）能正确进行个人防护用品穿戴及使用。

素质目标

（1）能够对资料进行整理、分析、归纳，并进行自主学习；

（2）培养安全意识、团队意识。

子任务一　进料换热器法兰泄漏中毒事故处置

一、事故应急用品选用

柴油加氢工艺发生进料换热器法兰泄漏中毒事故，事故处置人员需要正确选用个人防护用品，包括化学防护服、正压式空气呼吸器，同时救人时需选用医用担架将中毒人员救出。

二、事故现象

（1）现场报警灯报警，现场有人员呼喊“救命”。

（2）上位机有毒气体报警器报警。

（3）换热器泄漏，有烟雾。

三、事故确认

1. 事故预警

[I]—报告班长，DCS有毒气体报警器报警，原因不明。

2. 事故确认

[M]—收到！请外操进行现场查看。

3. 事故汇报

[P]—收到！报告班长反应工段进料换热器上法兰泄漏有人员中毒，初步判断可控。

4. 启动预案及事故判断

[M]—收到！内操外操注意！立即启动进料换热器泄漏应急预案，立即启动硫化氢中毒应急预案。

5. 汇报调度室

[M]—报告调度室，反应工段进料换热器发生泄漏事故，有人员中毒，已启动进料换热器泄漏应急预案和硫化氢中毒应急预案。

6. 软件选择事故

[I]—软件选择事故：进料换热器泄漏中毒事故。

四、事故处理

1. 内操步骤

（1）启动循环氢压缩机紧急停车自保系统。

（2）关闭循环氢压缩机出口阀 HV1104。

（3）关闭循环氢压缩机入口阀 HV1103。

（4）高压分离器泄压，开启 HV1101（泄压速率不能超过 0.7MPa/min）。

（5）将瓦斯进气调节阀 TIV1001 调至手动并关闭。

（6）开蒸汽切断阀 HV1118。

（7）关闭原料油进料调节阀 FIV1101。

（8）关闭脱盐水进料控制阀 HV1107。

（9）将汽提塔进料控制阀 LV1104 调成手动并关闭。

（10）启动新氢压缩机紧急停车自保系统。

（11）关闭新氢出口阀 HV1109。

（12）关闭新氢入口阀 HV1110。

（13）当 PI3001 压力达到 2.5MPa 以下时，开启氮气隔离控制阀 HV1106（图 4-4）。

2. 外操与班长步骤

（1）穿防化服与自给式呼吸器，进入装置区前进行静电消除，如图 4-5。

（2）正确使用担架将中毒人员转移至通风点，根据风向信息进行评判，选择上风向进行转移。

（3）现场拉警戒线。

（4）关燃料气控制前手阀 XV1003，如图 4-6。

（5）关进料泵出口控制阀 XV9006，如图 4-7。

（6）停转料泵 P9002，如图 4-8。

（7）关进料泵入口控制阀 XV9005，如图 4-9。

（8）关闭汽提塔蒸汽进气阀 XV6003，如图 4-10。

（9）进行心肺复苏内容考核。

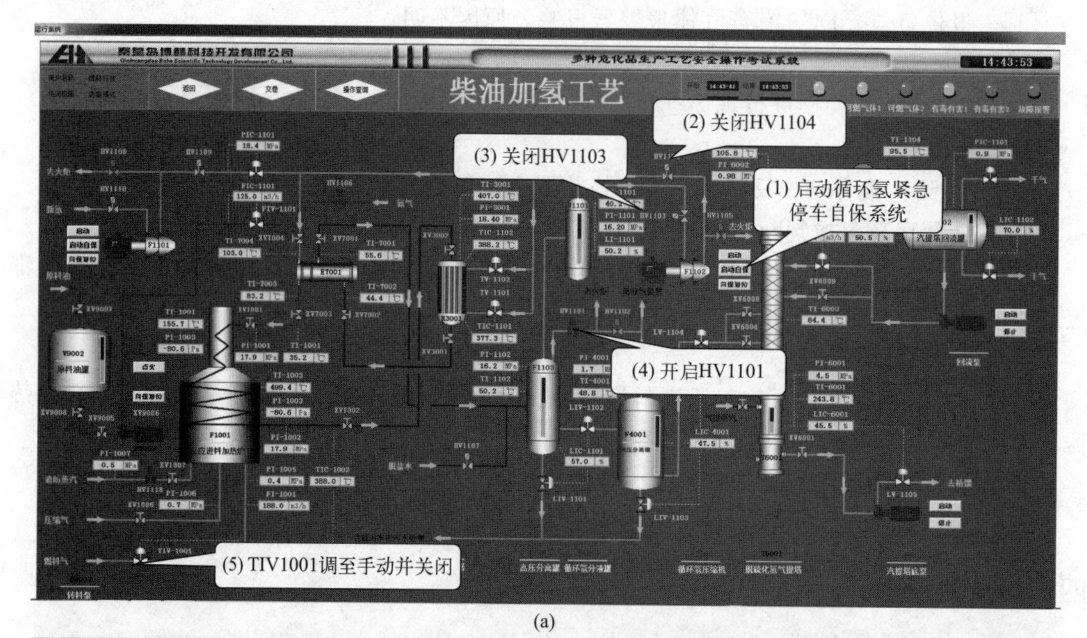

(a)

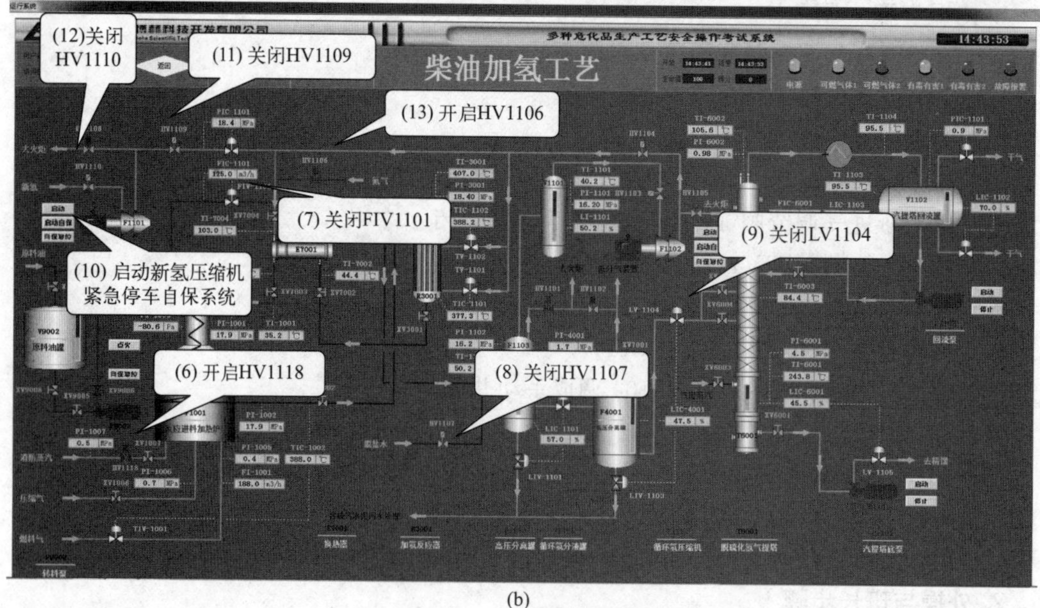

(b)

图 4-4　内操操作步骤

图 4-5　消除静电

图 4-6　关燃料气控制前手阀 XV1003

图 4-7　关进料泵出口控制阀 XV9006

图 4-8　停转料泵 P9002

图 4-9　关进料泵入口控制阀 XV9005

图 4-10　关闭汽提塔蒸汽进气阀 XV6003

五、汇报及恢复

1. 班长报告调度室，事故处理完毕，请求恢复现场。
2. 恢复现场。

活动 1： 熟悉进料换热器法兰泄漏中毒事故处理方法，按考核内容分组练习。

活动 2： 学生进行分组练习，按班长（M）、外操（P）、内操（I）三个人一组。评分标准见表 4-3，教师结合完成情况进行实时评价打分。结合学生学习成果进行教学反馈，并进行点评。重点放在知识点掌握、技能熟练度以及职业素养表现等方面。

表 4-3　中毒事故考核表

考核内容	考核项目(柴油加氢工艺)	评分标准	评分结果		配分	得分	备注
事故预警	关键词:报警器报警	汇报内容未包含关键词,本项不得分	是□	否□	3		
事故确认	关键词:现场查看	汇报内容未包含关键词,本项不得分	是□	否□	3		
事故汇报	关键词:反应工段	汇报内容未包含关键词,本项不得分	是□	否□	3		
	关键词:进料换热器	汇报内容未包含关键词,本项不得分	是□	否□	3		
	关键词:法兰	汇报内容未包含关键词,本项不得分	是□	否□	3		

续表

考核内容	考核项目(柴油加氢工艺)	评分标准	评分结果		配分	得分	备注
事故汇报	关键词:中毒	汇报内容未包含关键词,本项不得分	是□	否□	3		
	关键词:可控	汇报内容未包含关键词,本项不得分	是□	否□	3		
启动预案	关键词:泄漏应急预案	汇报内容未包含关键词,本项不得分	是□	否□	5		
	关键词:中毒应急预案	汇报内容未包含关键词,本项不得分	是□	否□	5		
汇报调度室	关键词:报告调度室	汇报内容未包含关键词,本项不得分	是□	否□	3		
	关键词:反应工段/进料换热器/泄漏应急预案/中毒应急预案	汇报内容未包含关键词,本项不得分	是□	否□	3		
防护用品的选择及使用	班长/外操防化服穿戴正确	胸襟粘合良好,无明显异常	是□	否□	5		
		腰带系好,无明显异常	是□	否□	5		
		颈带系好,无明显异常	是□	否□	5		
	班长/外操呼吸器穿戴正确	面罩紧固良好,无明显异常	是□	否□	5		
		气阀与面罩连接稳固,未脱落	是□	否□	5		
安全措施	现场警戒1#位置	未展开警戒线,本项不得分	是□	否□	5		
	现场警戒2#位置	未展开警戒线,本项不得分	是□	否□	5		
担架的正确使用	伤员肢体在担架内(头部)	头部超出担架,本项不得分	是□	否□	3		
	胸部绑带固定	胸部插口未连接,本项不得分	是□	否□	3		
	腿部绑带固定	腿部插口未连接,本项不得分	是□	否□	3		
	抬起伤员时,先抬头后抬脚	抬起方式不正确,本项不得分	是□	否□	3		
	放下伤员时,先放脚后放头	放下方式不正确,本项不得分	是□	否□	3		
	搬运时伤员脚在前,头在后	搬运方式不正确,本项不得分	是□	否□	3		
中毒人员的转移正确	中毒人员转移至正确的位置(方向象限)	放置于正确象限,未完成不得分	是□	否□	5		
汇报调度室处理完成	完成后向教师汇报	未汇报教师,本项不得分	是□	否□	5		
合计:							

子任务二　加氢反应器法兰泄漏着火事故处置

一、事故应急用品选用

柴油加氢工艺发生加氢反应器法兰泄漏着火事故，事故处置人员需要正确选用个人防护用品，包括过滤式防毒面具、化学防护手套，同时需要选择干粉灭火器进行灭火。

二、事故现象

（1）现场报警器报警。

（2）上位机可燃气体报警器报警。

（3）加氢反应器着火、有烟雾。

三、事故确认

1. 事故预警

[I]—报告班长，DCS可燃气体报警器报警，原因不明。

2. 事故确认

[M]—收到！请外操进行现场查看。

3. 事故汇报

[P]—收到！报告班长反应工段加氢反应器上法兰泄漏着火，暂无人员伤亡，初步判断可控。

4. 启动预案及事故判断

[M]—收到！内操外操注意！立即启动加氢反应器泄漏着火应急预案。

5. 汇报调度室

[M]—报告调度室，反应工段加氢反应器发生泄漏着火事故，已启动加氢反应器泄漏着火应急预案。

6. 软件选择事故

[I]—软件选择事故：加氢反应器泄漏着火事故。

四、事故处理

1. 内操步骤

（1）启动循环氢压缩机紧急停车自保系统。

（2）关闭循环氢压缩机出口阀 HV1104。

（3）关闭循环氢压缩机入口阀 HV1103。

（4）高压分离器泄压，开启 HV1101（泄压速率维持在 0.7MPa/min 以下）。

（5）将瓦斯进气调节阀 TIV1001 调至手动并关闭。

（6）开蒸汽切断阀 HV1118。

（7）关闭原料油进料调节阀 FIV1101。

（8）关闭脱盐水进料控制阀 HV1107。

（9）将汽提塔进料控制阀 LV1104 调成手动并关闭。

（10）启动新氢压缩机紧急停车自保系统。

（11）关闭新氢出口阀 HV1109。

（12）关闭新氢入口阀 HV1110。

（13）当 PI3001 压力达到 2.5MPa 以下时，开启氮气隔离控制阀 HV1106（图 4-11）。

2. 外操与班长步骤

（1）穿戴过滤式防毒面具与化学防护手套，进入装置前进行静电消除，如图 4-12。

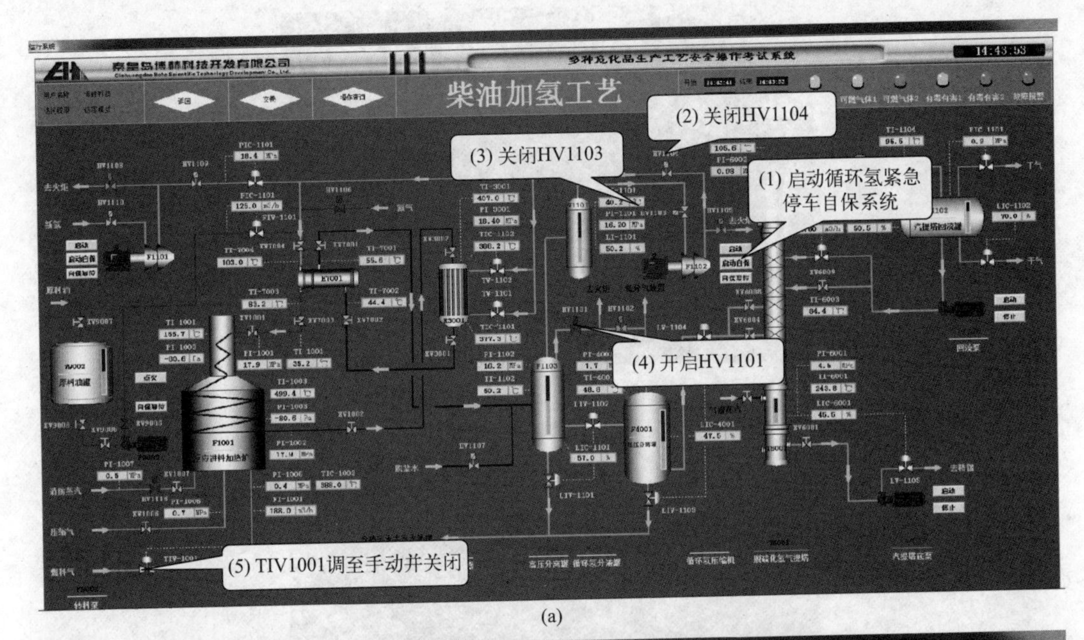

(a)

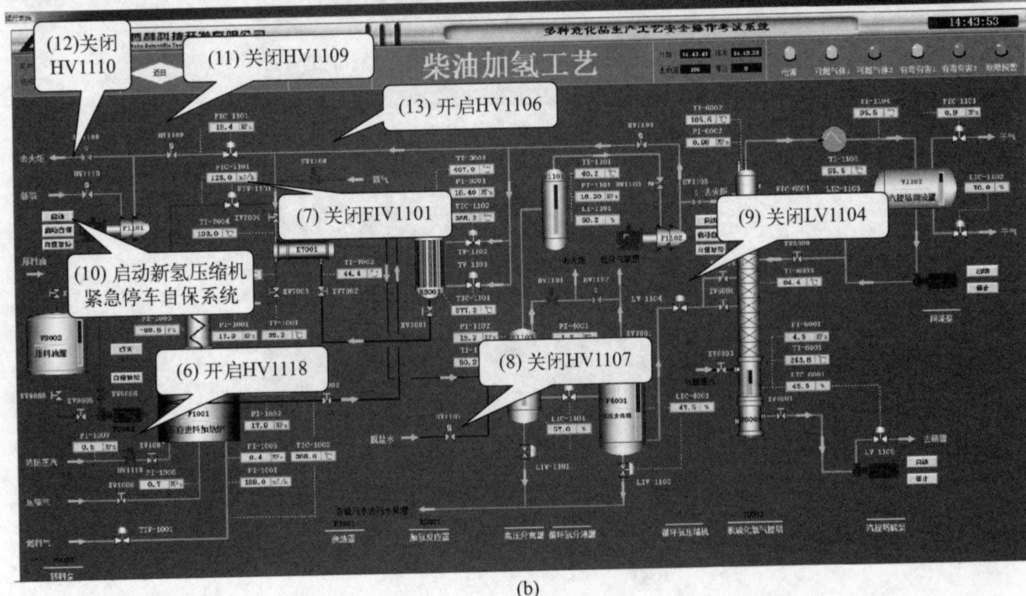

(b)

图 4-11　内操操作步骤

（2）关燃料气控制前手阀 XV1003，如图 4-13。

（3）现场拉警戒线。

（4）关进料泵出口控制阀 XV9006，如图 4-14。

（5）停转料泵 P9002，如图 4-15。

（6）关进料泵入口控制阀 XV9005，如图 4-16。

（7）关闭汽提塔蒸汽进气阀 XV6003，如图 4-17。

（8）选择消防器材：干粉灭火器，如图 4-18。

（9）灭火操作考核。

图 4-12　消除静电

图 4-13　关燃料气控制前手阀 XV1003

图 4-14　关进料泵出口控制阀 XV9006

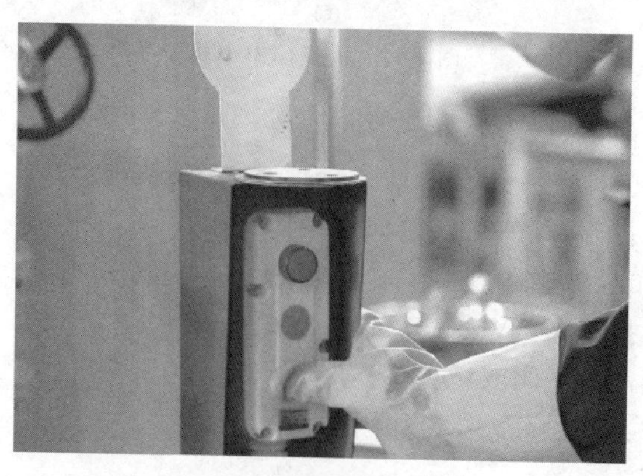

图 4-15　停转料泵 P9002

图 4-16　关进料泵入口控制阀 XV9005

图 4-17　关闭汽提塔蒸汽进气阀 XV6003

图 4-18　选择干粉灭火器灭火

五、汇报及恢复

（1）班长报告调度室，事故处理完毕，请求恢复现场。

（2）恢复现场。

活动 1： 熟悉加氢反应器法兰泄漏着火事故处理方法，按考核内容分组练习。

活动 2：学生进行分组练习，按班长（M）、外操（P）、内操（I）三个人一组。评分标准见表 4-4，教师结合完成情况进行实时评价打分。结合学生学习成果进行教学反馈，并进行点评。重点放在知识点掌握、技能熟练度以及职业素养表现等方面。

表 4-4　加氢反应器法兰泄漏着火事故考核表

考核内容	考核项目(柴油加氢工艺)	评分标准	评分结果		配分	得分	备注
事故预警	关键词:报警器报警	汇报内容未包含关键词,本项不得分	是□	否□	4		
事故确认	关键词:现场查看	汇报内容未包含关键词,本项不得分	是□	否□	4		
事故汇报	关键词:反应工段	汇报内容未包含关键词,本项不得分	是□	否□	4		
	关键词:加氢反应器	汇报内容未包含关键词,本项不得分	是□	否□	4		
	关键词:法兰	汇报内容未包含关键词,本项不得分	是□	否□	4		
	关键词:无人员伤亡	汇报内容未包含关键词,本项不得分	是□	否□	4		
	关键词:可控	汇报内容未包含关键词,本项不得分	是□	否□	4		
启动预案	关键词:着火应急预案	汇报内容未包含关键词,本项不得分	是□	否□	8		
汇报调度室	关键词:报告调度室	汇报内容未包含关键词,本项不得分	是□	否□	4		
	关键词:反应工段/加氢反应器/着火应急预案	汇报内容缺少一项本项不得分	是□	否□	4		
防护用品的选择	班长/外操防毒面罩穿戴正确	收紧部位正常,无明显松动,有一人错误本项不得分	是□	否□	8		
	班长/外操防护手套穿戴正确	化学防护手套,佩戴规范,有一人错误本项不得分	是□	否□	8		
	滤毒罐 7#罐(黄色)	选择滤毒罐佩戴,有一人错误本项不得分	是□	否□	8		
安全措施	班长/外操事故处理时进入装置前消除静电	有一人未消除静电,本项不得分	是□	否□	8		
	现场警戒 1#位置	展开警戒线,将道路封闭,未操作本项不得分	是□	否□	8		
	现场警戒 2#位置	展开警戒线,将道路封闭,未操作本项不得分	是□	否□	8		
汇报调度室处理完成	完成后向教师汇报	未汇报教师,本项不得分	是□	否□	8		
		合计:					

子任务三　汽提塔塔顶法兰泄漏事故处置

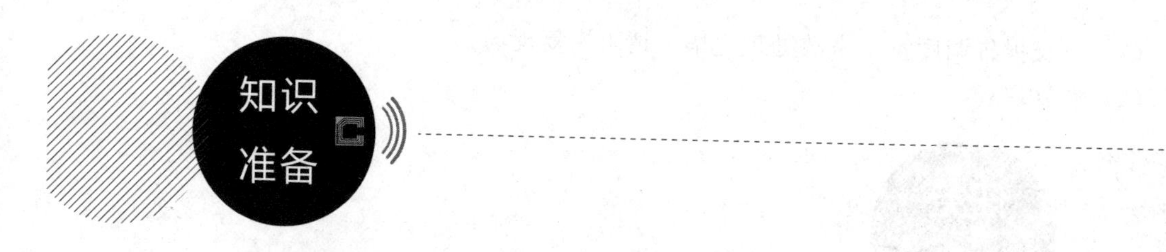

一、事故应急用品选用

柴油加氢工艺发生汽提塔塔顶法兰泄漏事故，事故处置人员需要正确选用个人防护用品，包括过滤式防毒面具、化学防护手套。

二、事故现象

（1）现场报警器报警。

（2）上位机可燃气体报警器报警。

（3）汽提塔顶法兰泄漏，有烟雾。

三、事故确认

1. 事故预警

[I]—报告班长，DCS可燃气体报警器报警，原因不明。

2. 事故确认

[M]—收到！请外操进行现场查看。

3. 事故汇报

[P]—收到！报告班长反应工段汽提塔塔顶法兰泄漏，暂无人员伤亡，初步判断可控。

4. 启动预案及事故判断

[M]—收到！内操外操注意！立即启动汽提塔泄漏应急预案。

5. 汇报调度室

[M]—报告调度室，反应工段汽提塔发生泄漏事故，已启动汽提塔泄漏应急预案。

6. 软件选择事故

[I]—软件选择事故：汽提塔塔顶法兰泄漏事故。

四、事故处理

1. 内操步骤

（1）将瓦斯进气调节阀TIV1001调至手动并关闭。

（2）开蒸汽切断阀HV1118。

（3）关闭原料油进料调节阀FIV1101。

（4）关闭脱盐水进料控制阀HV1107。

（5）将汽提塔进料控制阀LV1104调成手动并关闭。

（6）启动新氢压缩机紧急停车自保系统。

（7）关闭新氢出口阀HV1109。

（8）关闭新氢入口阀HV1110。

（9）高压分离器泄压，开启HV1101（泄压速率不能超过0.7MPa/min）。

（10）当R3001温度达到200℃左右，压力为2.0MPa左右时，关闭HV1101，进入反应系统退守状态。

（11）停泵P1102。

（12）将FIV6001调成手动并关闭。

（13）将LV1105调成手动，设置开度为30%。

（14）当汽提塔底液位LI6001在5%～0%时关闭LV1105。

（15）关闭P1101（图4-19）。

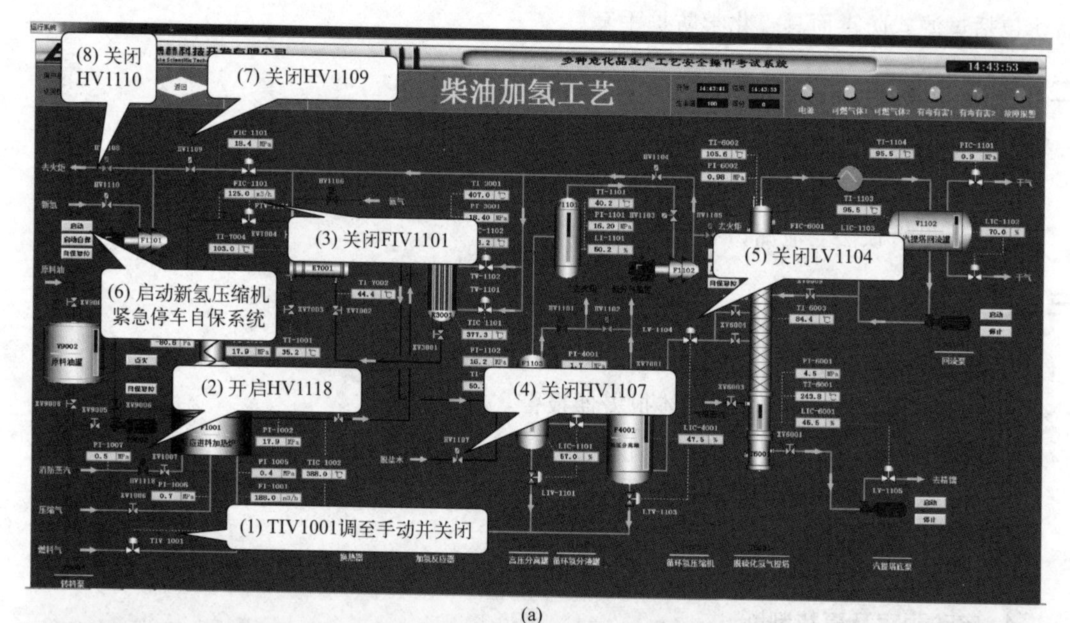

(a)

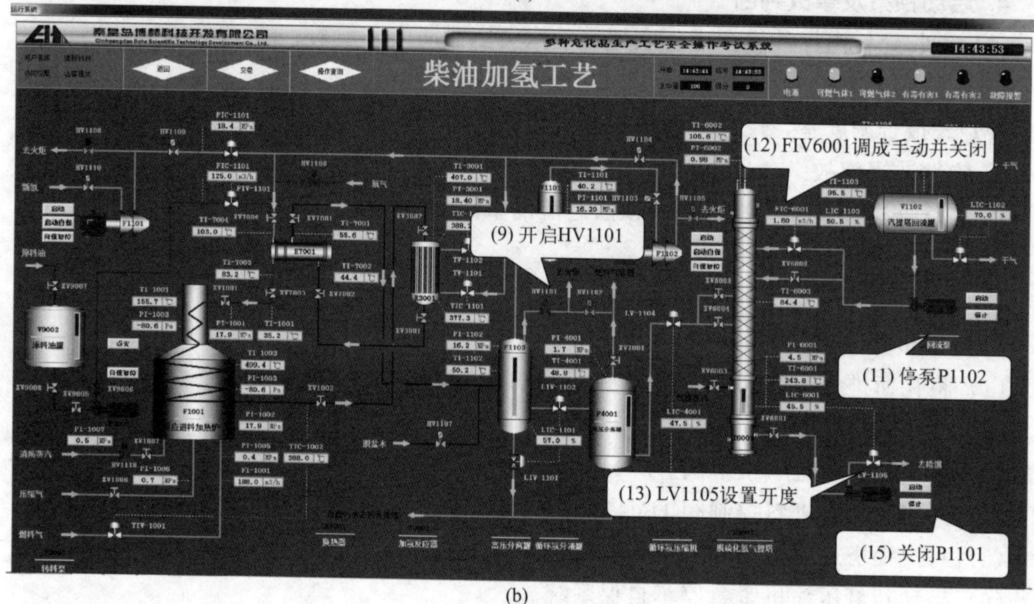

(b)

图 4-19 内操操作步骤

2. 外操与班长步骤

(1) 穿戴过滤式防毒面具与化学防护手套，进入装置前进行静电消除，如图 4-20。

(2) 现场拉警戒线。

(3) 关燃料气控制前手阀 XV1003，如图 4-21。

(4) 关进料泵出口控制阀 XV9006，如图 4-22。

(5) 停转料泵 P9002，如图 4-23。

(6) 关进料泵入口控制阀 XV9005，如图 4-24。

(7) 关闭汽提塔蒸汽进气阀 XV6003，如图 4-25。

(8) 关闭 XV6005，如图 4-26。

图 4-20　消除静电

图 4-21　关燃料气控制前手阀 XV1003

图 4-22　关进料泵出口控制阀 XV9006

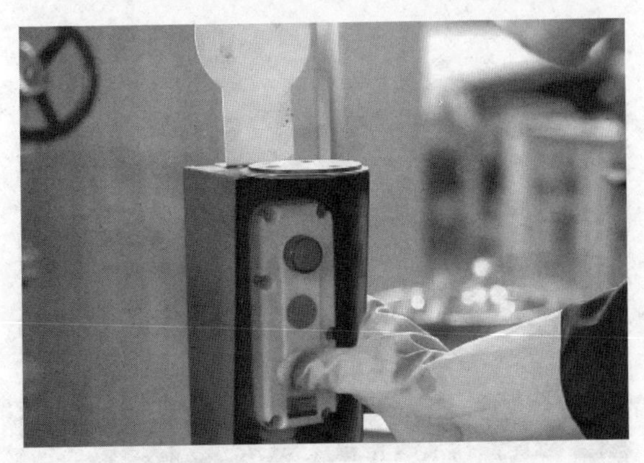

图 4-23　停转料泵 P9002

图 4-24　关进料泵入口控制阀 XV9005

图 4-25　关闭汽提塔蒸汽进气阀 XV6003

图 4-26　关闭 XV6005

（9）关闭 XV6009，如图 4-27。

图 4-27　关闭 XV6009、XV6004、XV6008

（10）关闭 XV6004。

（11）关闭 XV6008。

（12）关闭 XV6001，如图 4-28。

图 4-28 关闭 XV6001

五、汇报及恢复

（1）班长报告调度室，事故处理完毕，请求恢复现场。

（2）恢复现场。

活动 1：熟悉汽提塔塔顶法兰泄漏着火事故处理方法，按考核内容分组练习。

活动 2：学生进行分组练习，按班长（M）、外操（P）、内操（I）三个人一组。评分标准见表 4-5，教师结合完成情况进行实时评价打分。结合学生学习成果进行教学反馈，并进行点评。重点放在知识点掌握、技能熟练度以及职业素养表现等方面。

表 4-5 汽提塔塔顶法兰泄漏着火事故考核表

考核内容	考核项目(柴油加氢工艺)	评分标准	评分结果		配分	得分	备注
事故预警	关键词:报警器报警	汇报内容未包含关键词,本项不得分	是□	否□	4		
事故确认	关键词:现场查看	汇报内容未包含关键词,本项不得分	是□	否□	4		
事故汇报	关键词:反应工段	汇报内容未包含关键词,本项不得分	是□	否□	4		
	关键词:汽提塔	汇报内容未包含关键词,本项不得分	是□	否□	4		
	关键词:塔顶	汇报内容未包含关键词,本项不得分	是□	否□	4		
	关键词:无人员伤亡	汇报内容未包含关键词,本项不得分	是□	否□	4		
	关键词:可控	汇报内容未包含关键词,本项不得分	是□	否□	4		
启动预案	关键词:泄漏应急预案	汇报内容未包含关键词,本项不得分	是□	否□	8		
汇报调度室	关键词:报告调度室	汇报内容未包含关键词,本项不得分	是□	否□	4		
	关键词:反应工段/汽提塔/泄漏应急预案	汇报内容未包含关键词,本项不得分	是□	否□	4		

续表

考核内容	考核项目(柴油加氢工艺)	评分标准	评分结果		配分	得分	备注
防护用品的选择	班长/外操防毒面罩穿戴正确	收紧部位正常,无明显松动,有一人未佩戴或错误本项不得分	是□	否□	8		
	班长/外操防护手套穿戴正确	化学防护手套,佩戴规范,有一人未佩戴或错误本项不得分	是□	否□	8		
	滤毒罐7#罐(黄色)	选择滤毒罐佩戴,有一人未佩戴或错误本项不得分	是□	否□	10		
安全措施	班长/外操事故处理时进入装置前消除静电	有一人未消除静电,本项不得分	是□	否□	10		
	现场警戒1#位置	展开警戒线,将道路封闭	是□	否□	8		
	现场警戒2#位置	展开警戒线,将道路封闭	是□	否□	8		
汇报调度室处理完成	完成后向教师汇报	汇报教师	是□	否□	4		
合计:							

子任务四　反应器床层超温事故处置

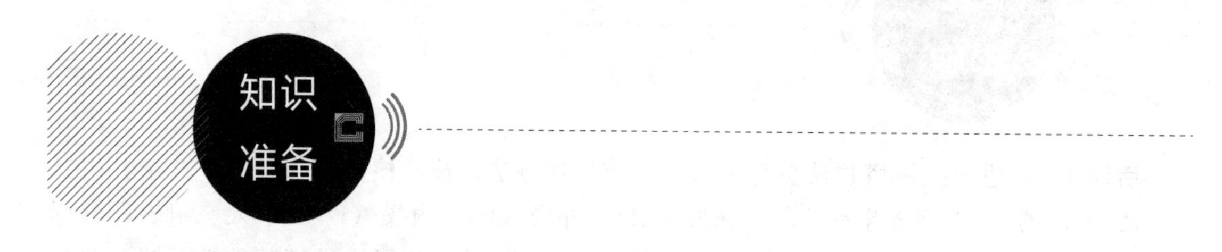

一、事故应急用品选用

柴油加氢工艺发生反应器床层超温事故，事故处置人员需要正确选用个人防护用品，包括安全帽、工作服等。

二、事故现象

(1) 现场报警器报警。

(2) 上位机反应器温度高报。

三、事故确认

1. 事故预警

[I]—报告班长，反应器温度高报，故障报警器报警，原因不明。

2. 事故确认

[M]—收到！请外操进行现场查看。

3. 事故汇报

[P]—收到！报告班长反应工段反应器压力表超压，暂无人员伤亡，初步判断可控。

4. 启动预案及事故判断

[M]—收到！内操外操注意！立即启动反应器超温应急预案。

5. 汇报调度室

[M]—报告调度室，反应工段反应器发生超温事故，已启动反应器超温应急预案。

6. 软件选择事故

[I]—软件选择事故：反应器床层超温事故。

四、事故处理

1. 内操步骤

（1）将瓦斯进气调节阀 TIV1001 调至手动并关闭。

（2）开蒸汽切断阀 HV1118。

（3）关闭原料油进料调节阀 FIV1101。

（4）关闭脱盐水进料控制阀 HV1107。

（5）将汽提塔进料控制阀 LV1104 调成手动并关闭。

（6）将冷氢进料调节阀 TV1101 调成手动并满开。

（7）将冷氢进料调节阀 TV1102 调成手动并满开。

（8）高压分离器泄压，开启 HV1101。

（9）启动循环氢压缩机自保系统。

（10）关闭循环氢压缩机入口阀 HV1103。

（11）关闭循环氢压缩机出口阀 HV1104（图 4-29）。

（12）系统压力 PI3001 降至 3MPa 以下，反应器床层温度 TI3001 降至 150℃以下时，关闭高压分离器放空阀 HV1101。

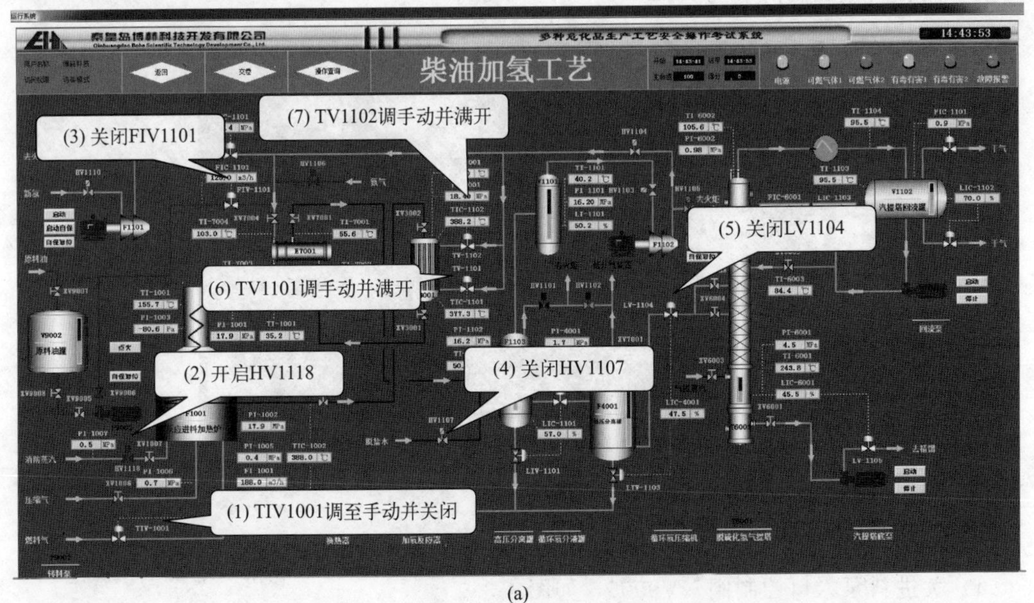

(a)

图 4-29

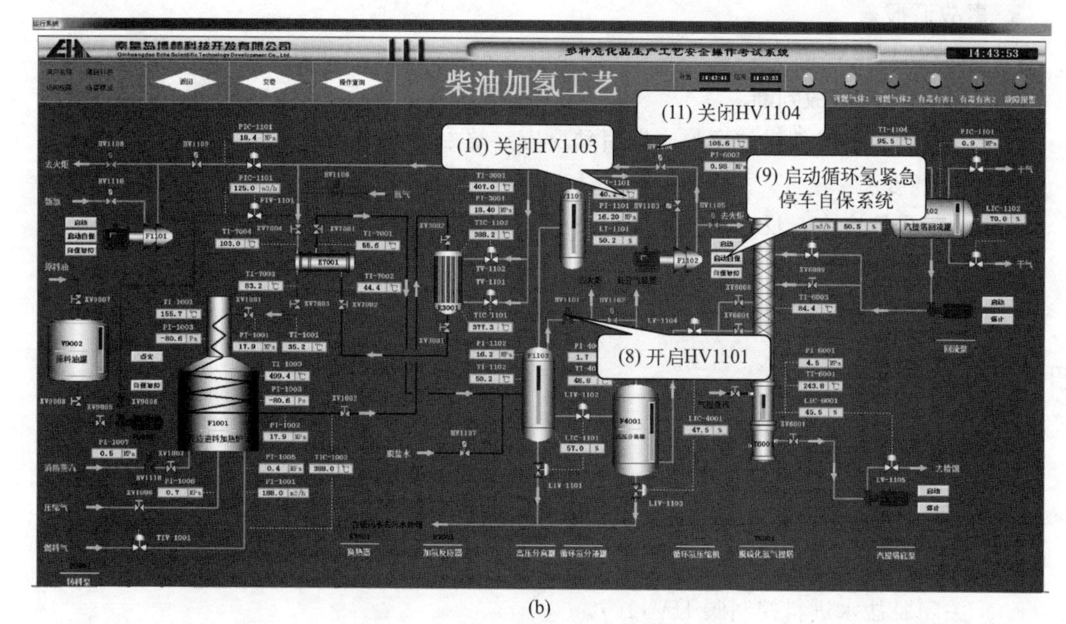

(b)

图 4-29　内操操作步骤

（13）循环氢压缩机自保联锁复位。

（14）开启循环氢压缩机入口阀 HV1103。

（15）启动循环氢压缩机。

（16）开启循环氢压缩机出口阀 HV1104。

（17）当系统压力 PI3001 达到 16.8MPa 后，TV1101 投自动。

（18）当系统压力 PI3001 达到 16.8MPa 后，TV1102 投自动。

2. 外操与班长步骤

（1）关燃料气控制前手阀 XV1003，如图 4-30。

图 4-30　关燃料气控制前手阀 XV1003

（2）关进料泵出口控制阀 XV9006，如图 4-31。

（3）停转料泵 P9002，如图 4-32。

（4）关进料泵入口控制阀 XV9005，如图 4-33。

（5）关闭汽提塔蒸汽进气阀 XV6003，如图 4-34。

图 4-31　关进料泵出口控制阀 XV9006

图 4-32　停转料泵 P9002

图 4-33　关进料泵入口控制阀 XV9005

图 4-34　关闭汽提塔蒸汽进气阀 XV6003

五、汇报及恢复

（1）班长报告调度室，事故处理完毕，请求恢复现场。

（2）恢复现场。

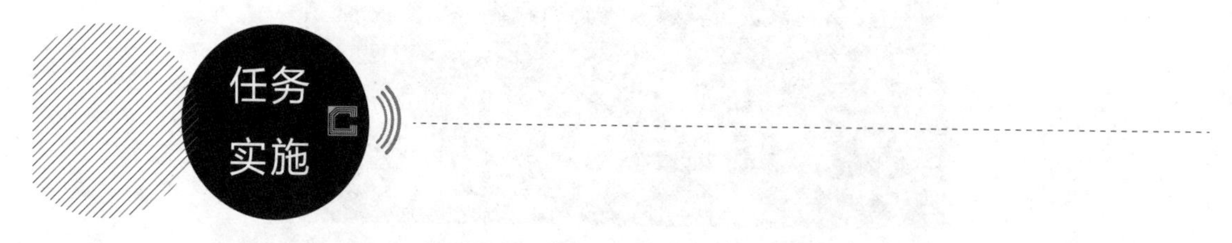

活动1： 熟悉反应器床层超温事故处理方法，按考核内容分组练习。

活动2： 学生进行分组练习，按班长（M）、外操（P）、内操（I）三个人一组。评分标准见表4-6，教师结合完成情况进行实时评价打分。结合学生学习成果进行教学反馈，并进行点评。重点放在知识点掌握、技能熟练度以及职业素养表现等方面。

表4-6 反应器床层超温事故考核表

考核内容	考核项目(柴油加氢工艺)	评分标准	评分结果		配分	得分	备注
事故预警	关键词:报警器报警	汇报内容未包含关键词,本项不得分	是□	否□	8		
事故确认	关键词:现场查看	汇报内容未包含关键词,本项不得分	是□	否□	8		
事故汇报	关键词:反应工段	汇报内容未包含关键词,本项不得分	是□	否□	8		
	关键词:反应器	汇报内容未包含关键词,本项不得分	是□	否□	8		
	关键词:压力表超压	汇报内容未包含关键词,本项不得分	是□	否□	8		
	关键词:无人员伤亡	汇报内容未包含关键词,本项不得分	是□	否□	8		
	关键词:可控	汇报内容未包含关键词,本项不得分	是□	否□	8		
启动预案	关键词:超温超压应急预案	汇报内容未包含关键词,本项不得分	是□	否□	20		
汇报调度室	关键词:报告调度室	汇报内容未包含关键词,本项不得分	是□	否□	8		
	关键词:反应工段/反应器/超温应急预案	汇报内容未包含关键词,本项不得分	是□	否□	8		
汇报调度室处理完成	完成后向教师汇报	汇报教师	是□	否□	8		
合计:							

子任务五　反应工段停电事故处置

一、事故应急用品选用

柴油加氢工艺发生反应工段停电事故处置，事故处置人员需要正确选用个人防护用品，包括安全帽、工作服等。

二、事故现象

上位机电源故障报警。

三、事故确认

1. 事故预警

[I]—报告班长，DCS动力电故障报警器报警，原因不明。

2. 事故确认

[M]—收到！请外操进行现场查看。

3. 事故汇报

[P]—收到！报告班长反应工段动设备停止运转，发生动力电故障，暂无人员伤亡，初步判断可控。

4. 启动预案及事故判断

[M]—收到！内操外操注意！立即启动反应工段停电应急预案。

5. 汇报调度室

[M]—报告调度室，反应工段发生动力电故障，已启动停电应急预案。

6. 软件选择事故

[I]—软件选择事故：反应工段停电事故。

四、事故处理

1. 内操操作步骤

（1）急冷氢控制阀 TV1101 调成手动满开。

（2）急冷氢控制阀 TV1102 调成手动满开。

（3）启动泵 P1101。

（4）启动泵 P1102。

（5）加热炉联锁复位。

（6）加热炉点火。

（7）新氢压缩机停机联锁复位。

（8）启动新氢压缩机。

（9）循环氢压缩机停机联锁复位（图 4-35）。

（10）启动循环氢压缩机。

（11）此时反应器各床层温度下降，通过调节冷氢的阀门开度调整温度，当达到 388℃/377℃/406℃左右后投自动。

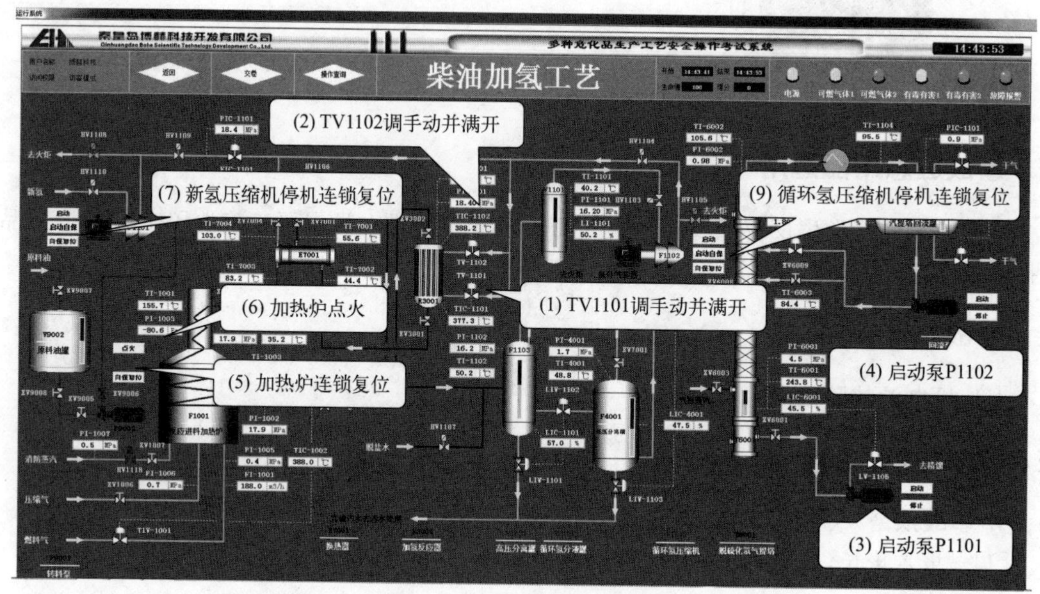

图 4-35　内操操作步骤

2. 外操与班长操作步骤

（1）关进料泵出口控制阀 XV9006，如图 4-36。

图 4-36　关进料泵出口控制阀 XV9006

（2）停转料泵 P9002，如图 4-37。

（3）关进料泵入口控制阀 XV9005。

（4）检查瓦斯进气调节阀 TIV1001，如图 4-38。

（5）检查加热炉燃气燃烧情况（看火门），如图 4-39。

（6）检查 V9002 液位 LIA9002，如图 4-40。

（7）检查 T6001 塔底液位 LI6001，如图 4-41。

图 4-37　停转料泵 P9002

图 4-38　检查瓦斯进气调节阀 TIV1001

图 4-39　检查加热炉燃气燃烧情况（看火门）

图 4-40　检查 V9002 液位 LIA9002

图 4-41　检查 T6001 塔底液位 LI6001

五、汇报及恢复

（1）班长报告调度室，事故处理完毕，请求恢复现场。

（2）恢复现场。

活动 1： 熟悉反应工段停电事故处理方法，按考核内容分组练习。

活动 2： 学生进行分组练习，按班长（M）、外操（P）、内操（I）三个人一组。评分标准见表 4-7，教师结合完成情况进行实时评价打分。结合学生学习成果进行教学反馈，并进行点评。重点放在知识点掌握、技能熟练度以及职业素养表现等方面。

表 4-7　反应工段停电事故考核表

考核内容	考核项目(柴油加氢工艺)	评分标准	评分结果		配分	得分	备注
事故预警	关键词:报警器报警	汇报内容未包含关键词,本项不得分	是□	否□	5		
事故确认	关键词:现场查看	汇报内容未包含关键词,本项不得分	是□	否□	5		
事故汇报	关键词:反应工段	汇报内容未包含关键词,本项不得分	是□	否□	5		
	关键词:动设备	汇报内容未包含关键词,本项不得分	是□	否□	5		
	关键词:动力电故障	汇报内容未包含关键词,本项不得分	是□	否□	5		
	关键词:无人员伤亡	汇报内容未包含关键词,本项不得分	是□	否□	5		
	关键词:可控	汇报内容未包含关键词,本项不得分	是□	否□	5		

续表

考核内容	考核项目(柴油加氢工艺)	评分标准	评分结果		配分	得分	备注
启动预案	关键词:停电应急预案	汇报内容未包含关键词,本项不得分	是□	否□	5		
汇报调度室	关键词:报告调度室	汇报内容未包含关键词,本项不得分	是□	否□	5		
	关键词:反应工段/动力电故障/停电应急预案	汇报内容未包含关键词,本项不得分	是□	否□	5		
关键阀门检查	检查 TIV1001	将状态牌旋转至“事故时-事故勿动”,未操作本项不得分	是□	否□	10		
	检查看火门	将状态牌旋转至“事故时-事故勿动”,未操作本项不得分	是□	否□	10		
	检查 LIA9002	将状态牌旋转至“事故时-事故勿动”,未操作本项不得分	是□	否□	10		
	检查 LI6001	将状态牌旋转至“事故时-事故勿动”,未操作本项不得分	是□	否□	10		
汇报调度室处理完成	完成后向教师汇报	汇报教师	是□	否□	10		
合计:							

模块五

煤制甲醇工艺安全操作

煤化工技术是指以产出新的能源和产品为主的煤化学加工转化技术，以洁净煤技术为基础，主要包括煤的焦化、气化和液化。随着社会经济的不断发展，以获得洁净能源为主要目的的煤炭液化、煤基代用液体燃料、煤气化-发电等煤化工或煤化工能源技术也越来越引起关注。本装置操作基于东营职业学院化工安全实训室煤制甲醇工艺安全实训装置，从煤制甲醇工艺安全、交接班操作及事故处理三方面介绍煤制甲醇工艺安全操作，提升读者在煤制甲醇工艺操作中的安全意识及异常工况处理能力。

任务一
煤制甲醇工艺认知

在新型煤化工产业化发展的主要方向中，煤气化分支的产品最多，应用最广泛，是煤化工产业的核心部分。由煤气化合成气后，生产甲醇、合成氨等中间产品，合成氨可生产尿素，而在煤基醇醚产业链上，甲醇是最重要的产出物及有机化工原料，可以生产甲醛、甲胺、合成橡胶、醋酸、二甲醚等一系列有机化工产品，并且甲醇、二甲醚是目前较为适宜的替代能源品种。

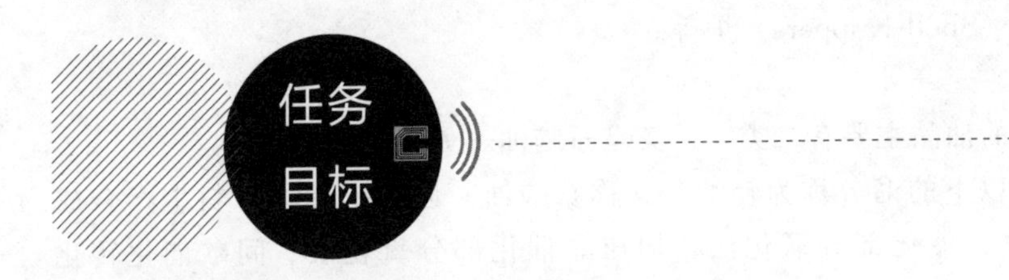

知识目标

（1）熟悉煤制甲醇工艺流程；

（2）会辨识甲醇工艺的危险因素。

能力目标

（1）能叙述煤制甲醇的工艺；

（2）能正确辨识甲醇工艺的危险因素。

素质目标

（1）树立安全第一的理念，并影响周围人；

（2）培养化工安全意识。

一、甲醇生产工艺介绍

甲醇的生产方法主要有天然气制甲醇、煤与焦炭制甲醇、油制甲醇以及联醇生产等方法。

1. 天然气制甲醇

天然气是制造甲醇的主要原料。天然气的主要组分是甲烷，还含有少量的其他烷烃、烯烃与氮气。以天然气生产甲醇原料气有蒸汽转化、催化部分氧化、非催化部分氧化等方法，其中蒸汽转化法应用得最广泛，它是在管式炉中常压或加压下进行的。由于反应吸热必须从外部供热以保持所要求的转化温度，一般是在管间燃烧某种燃料气来实现，转化用的蒸汽直接在装置上靠烟道气和转化气的热量制取。

2. 煤、焦炭制甲醇

煤与焦炭是制造甲醇粗原料气的主要固体燃料。用煤和焦炭制甲醇的工艺路线包括燃料的气化，气体的脱硫、变换、脱碳及甲醇合成与精制。

用蒸汽与氧气（或空气、富氧空气）对煤、焦炭进行热加工称为固体燃料气化，气化所得可燃性气体统称煤气。煤气是制造甲醇的初始原料气，气化的主要设备是煤气发生炉，按煤在炉中的运动方式，气化方法可分为固定床（移动床）气化法、流化床气化法和气流床气化法。国内用煤与焦炭制甲醇的煤气化一般都沿用固定床间歇气化法，煤气炉沿用 UCJ 炉。在国外对于煤的气化，已工业化的煤气化炉有柯柏斯-托切克（Koppers-Totzek）炉、鲁奇（Lurgi）炉及温克勒（Winkler）炉三种。第二代、第三代煤气化炉的炉型主要有德士古（Texaco）炉及谢尔-柯柏斯（Shell-Koppers）炉等。

3. 油制甲醇

工业上用油来制取甲醇的油品主要有二类：一类是石脑油，另一类是重油。

原油精馏所得的 220℃以下的馏分称为轻油，又称石脑油。以石脑油为原料生产合成气的方法有加压蒸汽转化法、催化部分氧化法、加压非催化部分氧化法、间歇催化转化法等。

重油是石油炼制过程中的一种产品，以重油为原料制取甲醇原料气有部分氧化法与高温裂解法两种途径。裂解法需在 1400℃以上的高温下，在蓄热炉中将重油裂解，虽然可以不用氧气，但设备复杂，操作麻烦，生成炭黑量多。

重油部分氧化是指重质烃类和氧气进行燃烧反应，反应放热，使部分碳氢化合物发生热裂解，裂解产物进一步发生氧化、重整反应，最终得到以 H_2、CO 为主，含少量 CO_2、CH_4 的合成气供甲醇合成使用。

4. 联醇生产

与合成氨联合生产甲醇简称联醇，这是一种合成气的净化工艺，以替代之前不少合成氨生产用铜氨液脱除微量碳氧化物而开发的一种新工艺。

联醇生产的工艺条件是在压缩机五段出口与铜洗工序进口之间增加一套甲醇合成的装置，包括甲醇合成塔、循环机、水冷器、分离器和粗甲醇贮槽等有关设备，工艺流程是压缩机五段出口气体先进入甲醇合成塔，大部分原先要在铜洗工序除去的一氧化碳和二氧化碳在甲醇合成塔内与氢气反应生成甲醇，联产甲醇后进入铜洗工序的气体一氧化碳含量明显降低，减轻了铜洗负荷，同时变换工序的一氧化碳指标可适量放宽，降低了变换的蒸汽消耗，而且压缩机前几段气缸输送的一氧化碳成为有效气体，压缩机电耗降低。

联产甲醇后能耗降低较明显，可使每吨氨节电 50kW·h，节省蒸汽 0.4t，折合能耗为 200×10^4kJ。联醇工艺流程必须重视原料气的精脱硫和精馏等工序，以保证甲醇催化剂使用寿命和甲醇产品质量。

二、煤制甲醇工艺

1. 煤制甲醇的生产原理

合成气的制造与生产甲醇的主要原料

合成气（含有 CO、CO_2、H_2 的气体）在一定压力（5～10MPa）、一定温度（230～280℃）和催化剂的条件下反应生成甲醇，合成反应如下：

$$CO+2H_2 = CH_3OH+Q$$

$$CO_2+3H_2 = CH_3OH+H_2O+Q$$

含有 CO、CO_2、H_2 的气体称为合成气，能生成合成气的原料就是生产甲醇的原料。主要有：

① 气体原料：天然气、油田伴生气、煤层气、炼厂气、焦炉气、高炉煤气；

② 液体原料：石脑油、轻油、重油、渣油；

③ 固体原料：煤、焦炭。

2. 以煤为原料生产合成气

煤与氧气在高温下燃烧，产生 CO_2，反应式如下：

$$C_mH_n+O_2 \longrightarrow CO+H_2O+CO_2+Q$$

上式即为用来生产合成气的反应，也是煤气化的主要反应。

3. 变换

把粗煤气中的多余的 CO 和水变换为 H_2 和 CO_2。反应如下：

$$CO+H_2O = H_2+CO_2+Q$$

三、煤制甲醇的工艺流程

煤制甲醇即以煤为原料生产甲醇，在生产过程中主要分为气化、变换、低温甲醇洗、压缩、合成、精馏、回收等工序。

（1）从界外以及氢回收来的原料气经由合成压缩机 C1101 压缩后，经过中间换热器 E7001 预热，达到催化剂活性温度后进入合成塔 R3001 进行甲醇合成反应。

（2）反应后的高温产物进入中间换热器 E7001 与冷的原料气进行换热冷却后，进入二级水冷器 E1101A/B 进行进一步的冷却，冷却后的粗产品进入甲醇分离器 F4001。

（3）从甲醇分离器 F4001 分离出的粗甲醇由分离器底部进入甲醇膨胀槽 V1102 进行进一步的分离后，粗甲醇进入粗甲醇罐 V9002 作为后续精馏工段的原料。

（4）从甲醇分离器 F4001 分离出的气态介质进入甲醇洗涤塔 T6001 进一步回收甲醇蒸气，不凝气去往氢回收工段进行处理后作为回收的原料气返回合成压缩机。

煤制甲醇工艺流程 DCS 图如图 5-1 所示。

四、煤制甲醇工艺安全

煤制甲醇在生产过程中，常出现液位过低、工艺压力超标、温度超标等问题，这些问题处理不当会造成安全生产的事故。因此，需要对煤制甲醇生产过程中的工艺危险因素进行辨识。

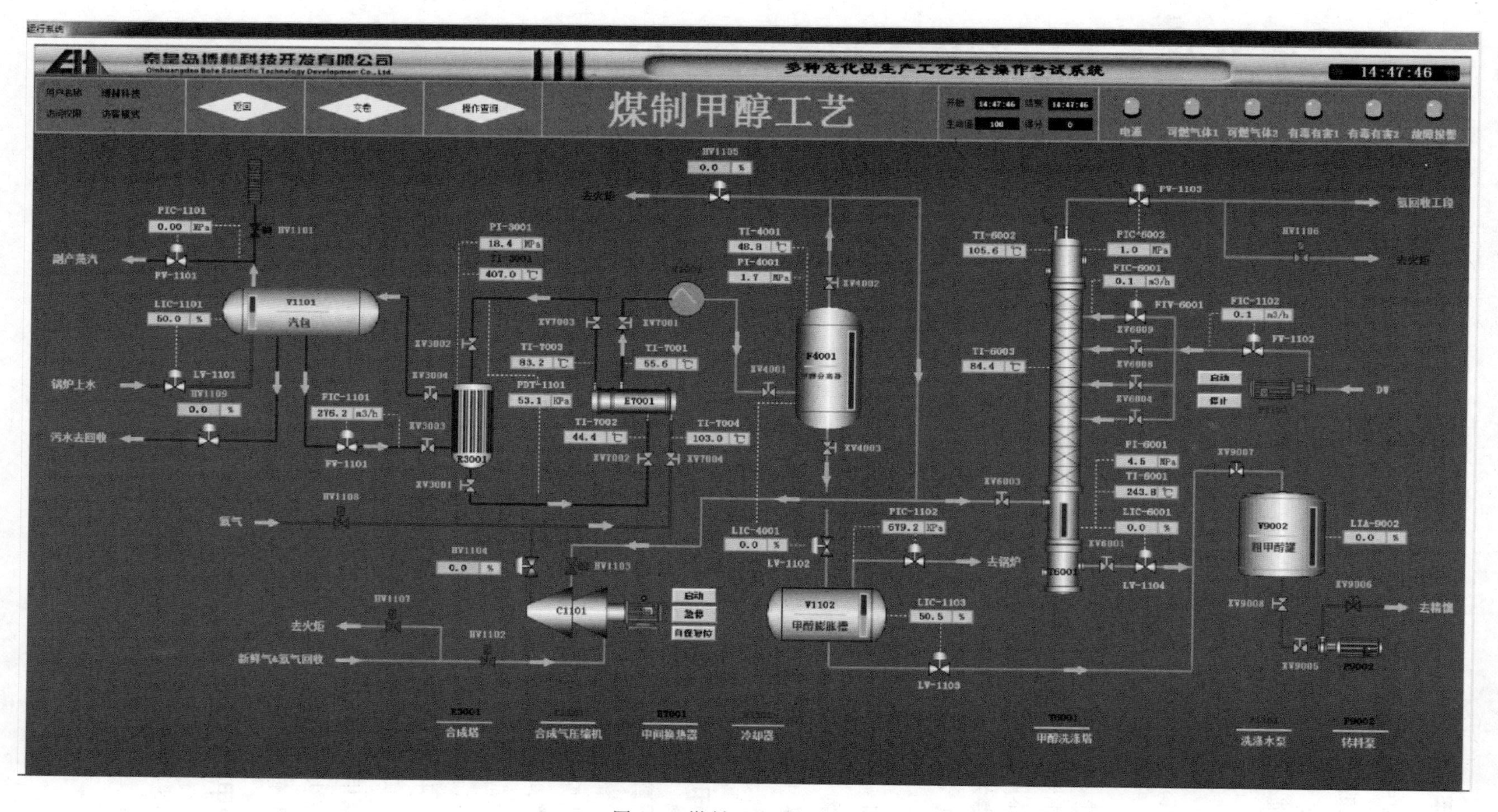

图 5-1　煤制甲醇工艺流程图

1. 汽包液位过低

汽包提供副产蒸汽，若汽包液位过低，容易造成汽包内蒸汽供应不足，影响蒸汽的使用。另外，汽包的液位过低，造成汽包的干烧，汽包内的蒸汽过热，产生高压，超出设备承压能力极易造成安全生产的事故。因此，对于汽包液位的监控和上方副产蒸汽压力的监控异常重要。

2. 合成塔的温度、压力

在合成塔内，煤与氧气在高温高压下发生合成反应，生成甲醇、一氧化碳并释放出大量的热量。合成塔的温度一旦失控，容易造成塔内气体压力迅速升高，超出合成塔的承压能力，造成合成塔的泄漏，有毒有害的甲醇蒸气和一氧化碳释放至空气中易造成环境污染和人身中毒事故。

合成塔内为高温高压，操作人员在操作、检维修过程中注意设备不能带压检维修，以免发生内部压力过高，物料喷出伤人事故。

合成塔内温度过高，操作人员因不熟悉工艺，靠近甚至接触甲醇合成塔容易造成烫伤事故，因此，合成塔的塔体应保证足够厚度和保温性能的保温材料，设置警戒牌，无关人员禁止进入甲醇合成区。

3. 合成气压缩机压缩问题

合成器备件故障，会引起火灾事故，压缩机高压缸转子损坏，两端密封系统严重磨损，造成密封油大量泄漏，高压缸两端的密封系统严重损坏后，大量高压合成气会串入常压的润滑油管线，在回油总管内产生“气阻”，使回油阻塞，油在油封处喷出，压缩机在高温表面引起着火并迅速蔓延；另外，合成气压缩机低压缸发生严重的断轴起火事故。因此，须密切关注合成气压缩机的运行情况。

活动 1：查阅资料，了解甲醇以及甲醇的主要应用有哪些，完成表 5-1 内容。

表 5-1　甲醇应用列表

序号	甲醇应用举例
1	
2	
3	
4	
…	

活动 2：查阅资料，叙述煤制甲醇工艺流程。

任务二
煤制甲醇交接班操作

煤制甲醇即以煤为原料生产甲醇，在生产过程中主要分为气化、变换、低温甲醇洗、压缩、合成、精馏、回收等工序。本次装置选取合成部分作为考核工艺。主反应为 $CO+2H_2 \xlongequal{} CH_3OH$，物料主要包括一氧化碳、氢气和甲醇。因此我们需要了解这三种物料存在的危险性。正确进行甲醇交接班操作。

知识目标

（1）熟悉煤制甲醇工艺交接班流程；

（2）会进行煤制甲醇工艺交接班工作。

能力目标

（1）能叙述煤制甲醇工艺交接班的流程；

（2）能正确进行煤制甲醇工艺交接班工作。

素质目标

（1）培养对甲醇交接班工作的兴趣；

（2）培养团结合作的精神。

一、煤制甲醇工艺重大危险源管理

1. 安全周知卡

煤制甲醇工艺涉及的主要危险化学品有甲醇、一氧化碳，其危险化学品安全周知卡如图 5-2 所示。

2. 煤制甲醇重大危险源警示牌

此工艺主要涉及的危险化学品是甲醇、一氧化碳。甲醇的主要危险特性是易燃、易爆，而一氧化碳主要的危险特性是有毒、易燃。因此现场操作过程中需要当心火灾、当心爆炸、当心中毒，同时还要当心烫伤。为了保证作业安全，避免发生火灾爆炸，要严格控制点火源，禁止吸烟、禁止烟火，禁止穿化纤衣服以免产生静电发生火灾爆炸。

煤制甲醇工艺重大危险源安全警示牌如图 5-3 所示。

二、煤制甲醇工艺重要的阀门及仪表认知

本次工艺涉及的主要设备是 R3001 合成塔。巡检时需要注意合成塔出口阀 XV3001、合成塔入口阀 XV3002、合成塔进水切断阀 XV3003、合成塔蒸汽出口切断阀 XV3004、反应器的安全附件主要包括压力表 PI3001、温度传感器 TI3001。需要严格控制反应的温度和压力保证产品质量，还需要注意甲醇分离器气相出口阀 XV4002。

危险化学品安全周知卡

危险性类别

有毒
易燃

品名、英文名及分子式、CAS号

甲醇
methyl alcohol, methanol
CH_3OH
CAS号：67-56-1

危险性标志

危险性理化数据

熔点(℃)：−97.8℃
相对密度(水=1)：0.79
沸点(℃)：64.8℃
饱和蒸气密度(空气=1)：1.11

危险特性

易燃，其蒸气与空气可形成爆炸性混合物，遇明火、高热能引起燃烧爆炸。与氧化剂接触发生化学反应或引起燃烧。在火场中，受热的容器有爆炸危险。其蒸气比空气重，能在较低处扩散到相当远的地方，遇火源会着火回燃。

接触后表现

对中枢神经系统有麻醉作用；对视神经和视网膜有特殊选择作用，引起病变；可致代射性酸中毒。急性中毒：短时大量吸入出现轻度眼上呼吸道刺激症状(口服有胃肠道刺激症状)；经一段时间潜伏期后出现头痛、头晕、乏力、眩晕、酒醉感、意识朦胧、谵妄，甚至昏迷。视神经及视网膜病变，可有视物模糊、复视等，重者失明。

现场急救措施

皮肤接触：立即脱去被污染的衣着，用甘油、聚乙烯乙二醇或聚乙烯乙二醇和酒精混合液抹洗，然后用水彻底清洗。或用大量流动清水冲洗，至少15分钟。就医。
眼睛接触：立即提起眼睑，用大量流动清水或生理盐水彻底冲洗至少15分钟。就医。
吸入：迅速脱离现场至空气新鲜处。保持呼吸道通畅。如呼吸困难，给输氧。

身体防护措施

泄漏处理及防火防爆措施

迅速撤离泄漏污染区人员至安全区，并进行隔离，严格限制出入。切断火源。建议应急处理人员戴自给正压式呼吸器，穿防静电工作服。不要直接接触泄漏物。尽可能切断泄漏源。防止流入下水道、排洪沟等限制性空间。小量泄漏：用砂土或其它不燃材料吸附或吸收。也可以用大量水冲洗，洗水稀释后放入废水系统。大量泄漏：构筑围堤或挖坑收容。用泡沫覆盖，降低蒸气灾害。用防爆泵转移至槽车或专用收集器内，回收或运至废物处理场所处置。

最高容许浓度	当地应急救援单位名称	当地应急救援单位电话
MAC(mg/m^3)：50	市消防中心 市人民医院	市消防中心：119 市人民医院：120

(a) 甲醇

图 5-2

危险化学品安全周知卡

危险性提示词	品名、英文名及分子式、CAS号	危险性标志
易燃 有毒 易爆	一氧化碳 carbon monoxide 分子式：CO CAS号：630-08-0	

危险性理化数据	灭火方式
无色、无味、无臭气体。微溶于水。 气体相对密度：0.97 爆炸极限：12%～74%	灭火剂：干粉、二氧化碳、雾状水、泡沫。 ·若不能切断泄漏气源，则不允许熄灭泄漏处的火焰； ·用大量水冷却临近设备或着火容器，直至火灾扑灭； ·毁损容器由专业人员处置。

接触后表现	现场急救措施
一氧化碳在血中与血红蛋白结合而造成组织缺氧。急性中毒：轻度中毒者出现头痛、头晕、耳鸣、心悸、恶心、呕吐、无力，血液碳氧血红蛋白浓度可高于10%；中度中毒者除上述症状外，还有皮肤黏膜呈樱红色、脉快、烦躁、步态不稳、浅至中度昏迷，血液碳氧血红蛋白浓度可高于30%；重度患者深度昏迷、瞳孔缩小、肌张力增强、频繁抽搐、大小便失禁、休克、肺水肿、严重心肌损害等，血液碳氧血红蛋白可高于 50%。部分患者昏迷苏醒后，经2～60天的症状缓解期后，又可能出现迟发性脑病，以意识精神障碍、锥体系或锥体外系损害为主。慢性影响：能否造成慢性中毒及对心血管影响无定论。	·吸入：迅速脱离现场至空气新鲜处。保持呼吸道通畅。如呼吸困难，给输氧。呼吸、心跳停止，立即进行心肺复苏术。就医。高压氧治疗。

个体防护措施

泄漏应急处理
迅速撤离泄漏污染区人员至上风处，并立即隔离150m，严格限制出入。切断火源。建议应急处理人员戴自给正压式呼吸器，穿防静电工作服。尽可能切断泄漏源。合理通风，加速扩散。喷雾状水稀释、溶解。构筑围堤或挖坑收容产生的大量废水。如有可能，将漏出气用排风机送至空旷地方或装设适当喷头烧掉。也可以用管路导至炉中、凹地焚之。漏气容器要妥善处理，修复、检验后再用。

最高容许浓度	应急救援单位名称	应急救援单位电话
MAC(mg/m^3)：10	市消防中心 市人民医院	市消防中心：119 市人民医院：120

(b) 一氧化碳

图 5-2　煤制甲醇工艺化学品安全周知卡

三、煤制甲醇工艺交接班内容

煤制甲醇工艺交接班主要有三个岗位，交接班考核内容由三名同学分别各自完成，其中：

(1) 班长（M）主要完成重大危险源管理的相关考核内容，包含安全周知卡和安全警示标识；

图 5-3 煤制甲醇工艺重大危险源安全警示牌

（2）外操（P）主要完成现场工艺巡检的相关考核内容，包括现场关键点阀门及关键仪表点的翻盘检查；

（3）内操（I）主要是完成异常工艺参数的调节、调稳操作。

具体操作细则如表 5-2 所示。

表 5-2 煤制甲醇交接班明细

序号	考核项	项目	分工	项目内容	考核内容
1	重大危险源管理	危险化学品安全周知卡	班长(M)	甲醇安全周知卡	
				一氧化碳安全周知卡	
				氢气安全周知卡	
		重大危险源安全警示牌		禁止标志	禁止烟火
					禁止吸烟
					禁止穿化纤衣服
				警示标志	当心烫伤
					当心中毒
					当心爆炸
					当心火灾
2	现场巡查	装置现场工艺巡查	外操(P)	现场关键阀门巡检	合成塔出口阀 XV3001
					合成塔入口阀 XV3002
					合成塔进水切断阀 XV3003
					合成塔蒸汽出口切断阀 XV3004
					甲醇分离器气相出口阀 XV4002
				现场关键仪表及安全设施巡检	合成塔压力表 PI3001
					合成塔温度计 TI3001
					可燃气体报警器 1#
					可燃气体报警器 2#
					有毒气体报警器 1#
					有毒气体报警器 2#

续表

序号	考核项	项目	分工	项目内容	考核内容
3	工艺控制	生产工艺控制调节	内操(I)	工艺调节	将FV1101调成手动调节流量值
					开启汽包放空阀HV1101
					调稳后投自动

活动1：学生分为三人一组并分配角色，其中内操、班长、外操各一名。要求能够描述各自的岗位职责和主要工作内容。

活动2：根据煤制甲醇工艺交接班考核内容，分小组完成交接班操作。

任务三
煤制甲醇工艺事故处理

知识目标

（1）了解煤制甲醇工艺甲醇合成气事故处理方法；

（2）掌握煤制甲醇工艺甲醇合成气的事故处理内容。

能力目标

（1）能进行煤制甲醇工艺甲醇合成气事故处理；

（2）能正确进行个人防护用品穿戴及使用；

（3）能完成煤制甲醇工艺中毒、着火、泄漏、超温超压、停电事故处理。

素质目标

（1）能够对资料进行整理、分析、归纳，并进行自主学习；

（2）培养安全意识、团队意识。

子任务一　甲醇合成气泄漏中毒事故处置

一、事故应急用品选用

煤制甲醇工艺发生合成气泄漏中毒事故，事故处置人员需要正确选用个人防护用品，包括化学防护服、正压式空气呼吸器，同时救人时需选用医用担架将中毒人员救出。

二、事故现象

（1）现场报警器报警。

（2）中间换热器泄漏，有烟雾。

（3）上位机有毒气体报警器报警。

三、事故确认

1. 事故预警

[I]—汇报班长“上位机有毒气体报警器报警。”

2. 事故确认

[M]—收到，请外操进行现场查看。

3. 事故汇报

[P]—收到！报告班长合成工段中间换热器上法兰泄漏有人员中毒，初步判断可控。

4. 启动预案及事故判断

[M]—收到！内操外操注意！立即启动中间换热器泄漏应急预案，立即启动合成气中毒应急预案。

5. 汇报调度室

[M]—报告调度室，合成工段中间换热器发生泄漏事故，有人员中毒，已启动中间换热器泄漏应急预案和合成气中毒应急预案。

6. 软件选择事故

[I]—软件选择事故：甲醇合成气中毒事故。

四、事故处理

(1) [I]—关闭合成气切断阀 HV1102。

(2) [I]—开启合成气放空阀 HV1107。

(3) [I]—按合成气压缩机紧急停车按钮。

(4) [I]—关闭合成气压缩机入口控制阀 HV1103。

(5) [I]—将压缩机出口控制阀 HV1104 调成 0%，关闭。

(6) [I]—开启去火炬放空阀 HV1105，开度设置为 35%。

(7) [I]—当系统压力（PI3001）降到 0.5MPa 以下，开启氮气切断阀 HV1108（图 5-4）。

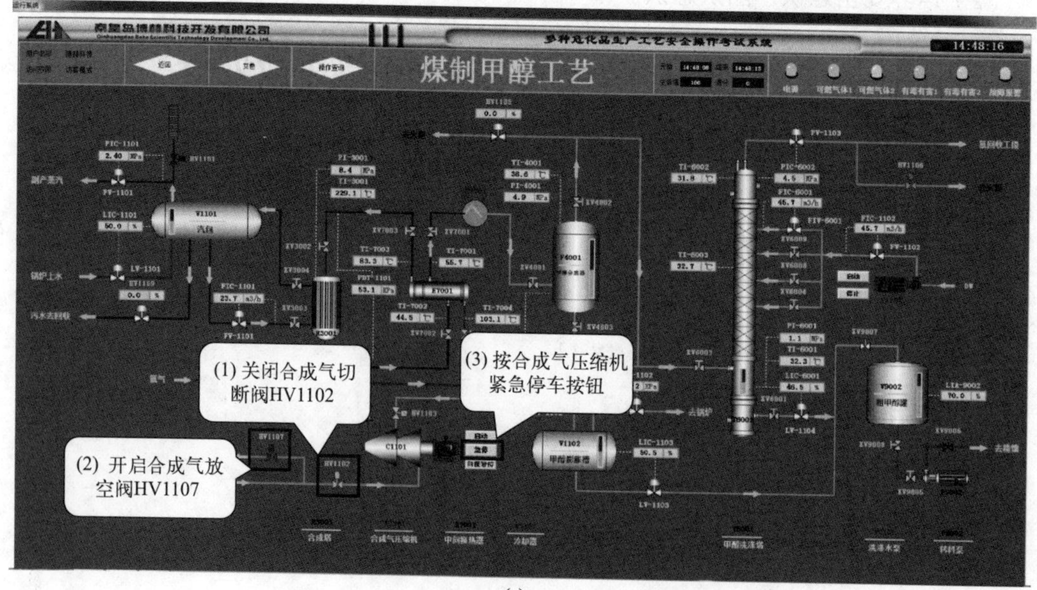

(a)

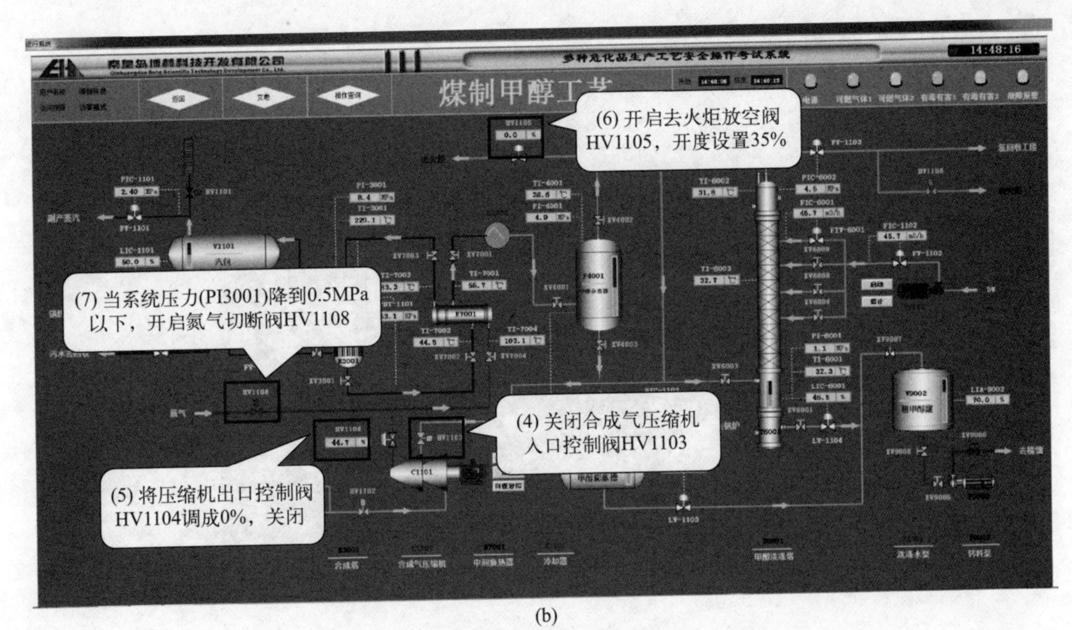

(b)

图 5-4　内操操作步骤

(8)［M/P］—穿戴化学防护服、自给式呼吸器（图 5-5）。

图 5-5　穿戴化学防护服/自给式呼吸器

(9)［P］—现场拉警戒线。
(10)［M/P］—正确使用担架。
(11)［M/P］—将中毒人员转移至通风点（图 5-6）。
(12)［P］—关闭 XV6003（图 5-7）。
(13)［I］—将洗涤水进料阀 FIC1102 调成手动并关闭。
(14)［I］—关闭洗涤水泵 P1101。
(15)［I］—将水洗塔塔顶出料控制阀 PV1103 调成手动并关闭。
(16)［I］—将水洗塔塔底出料控制阀 LV1104 调成手动并关闭。
(17)［I］—将 FIC6001 调成手动并关闭（图 5-8）。
(18)［P］—关闭阀门 XV6001。
(19)［P］—关闭阀门 XV4003。
(20)［P］—关闭阀门 XV6004。

(21)［P］—关闭阀门 XV6005。

(22)［P］—关闭阀门 XV6008。

(23)［P］—关闭阀门 XV6009。

图 5-6　将中毒人员转移至通风点

图 5-7　关闭 XV6003

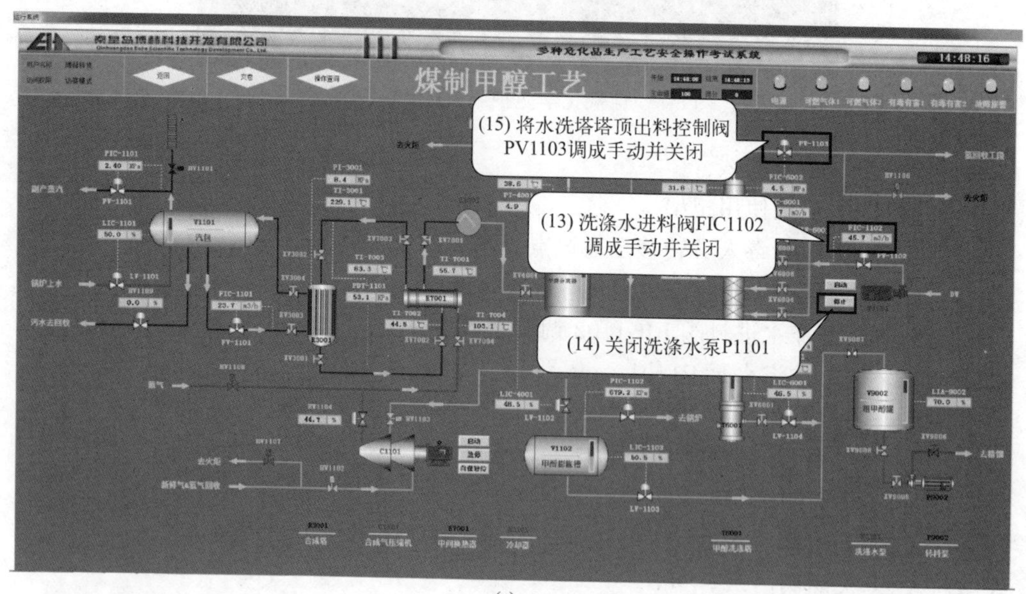

(a)

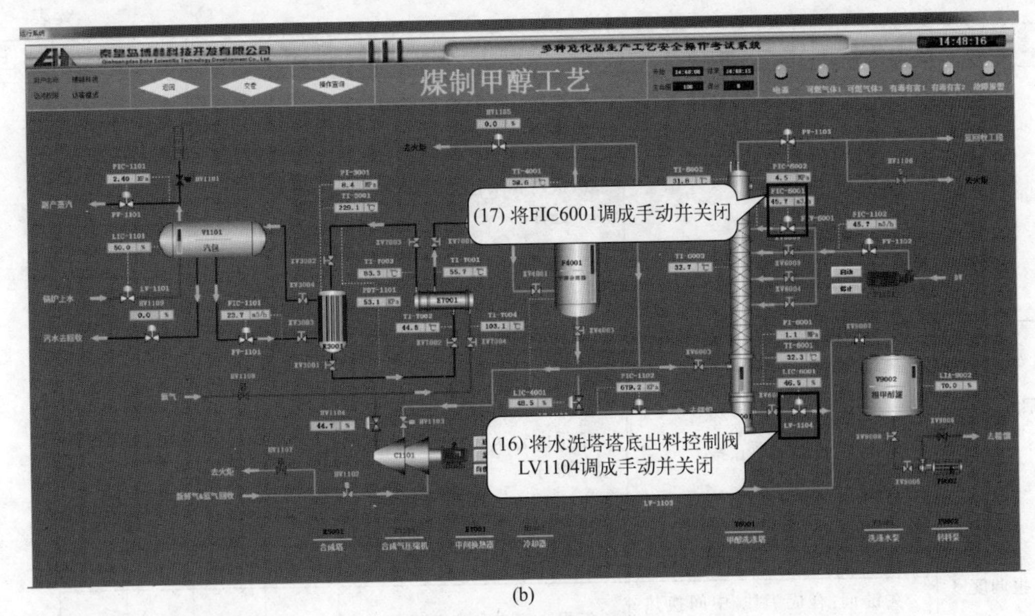

(b)

图 5-8　内操操作步骤 2

五、汇报及恢复

（1）班长报告调度室，事故处理完毕，请求恢复现场。

（2）恢复现场。

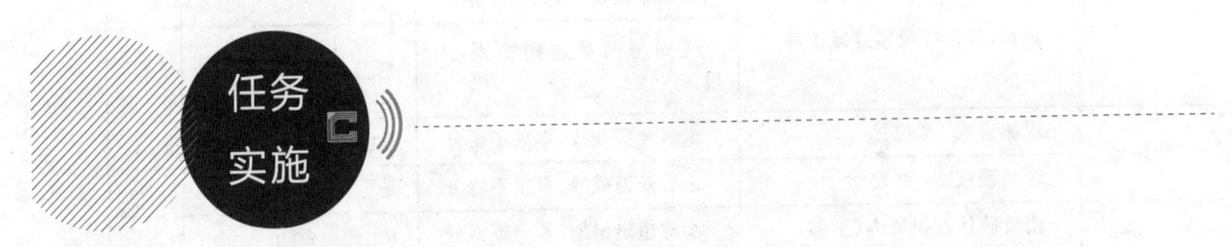

活动 1： 熟悉中间换热器法兰泄漏中毒事故处理方法，按考核内容分组练习。

活动 2： 学生进行分组练习，按班长（M）、外操（P）、内操（I）三个人一组。评分标准见表 5-3，教师结合完成情况进行实时评价打分。结合学生学习成果进行教学反馈，并进行点评。重点放在知识点掌握、技能熟练度以及职业素养表现等方面。

表 5-3　甲醇合成气泄漏中毒事故考核表

考核内容	考核项目(煤制甲醇工艺)	评分标准	评分结果		配分	得分	备注
事故预警	关键词:报警器报警	汇报内容未包含关键词,本项不得分	是□	否□	3		
事故确认	关键词:现场查看	汇报内容未包含关键词,本项不得分	是□	否□	3		
事故汇报	关键词:合成工段	汇报内容未包含关键词,本项不得分	是□	否□	3		
	关键词:中间换热器	汇报内容未包含关键词,本项不得分	是□	否□	3		

续表

考核内容	考核项目(煤制甲醇工艺)	评分标准	评分结果		配分	得分	备注
事故汇报	关键词:法兰	汇报内容未包含关键词,本项不得分	是□	否□	3		
	关键词:中毒	汇报内容未包含关键词,本项不得分	是□	否□	3		
	关键词:可控	汇报内容未包含关键词,本项不得分	是□	否□	3		
启动预案	关键词:泄漏应急预案	汇报内容未包含关键词,本项不得分	是□	否□	6		
	关键词:中毒应急预案	汇报内容未包含关键词,本项不得分	是□	否□	6		
汇报调度室	关键词:报告调度室	汇报内容未包含关键词,本项不得分	是□	否□	3		
	关键词:合成工段/中间换热器/泄漏应急预案/中毒应急预案	汇报内容未包含关键词,本项不得分	是□	否□	3		
防护用品的选择及使用	班长/外操防化服穿戴正确	胸襟粘合良好,无明显异常	是□	否□	5		
		腰带系好,无明显异常	是□	否□	5		
		颈带系好,无明显异常	是□	否□	5		
	班长/外操呼吸器穿戴正确	面罩紧固良好,无明显异常	是□	否□	5		
		气阀与面罩连接稳固,未脱落	是□	否□	5		
安全措施	现场警戒1#位置	未展开警戒线,本项不得分	是□	否□	5		
	现场警戒2#位置	未展开警戒线,本项不得分	是□	否□	5		
担架的正确使用	伤员肢体在担架内(头部)	头部超出担架,本项不得分	是□	否□	3		
	胸部绑带固定	胸部插口未连接,本项不得分	是□	否□	3		
	腿部绑带固定	腿部插口未连接,本项不得分	是□	否□	3		
	抬起伤员时,先抬头后抬脚	抬起方式不正确,本项不得分	是□	否□	3		
	放下伤员时,先放脚后放头	放下方式不正确,本项不得分	是□	否□	3		
	搬运时伤员脚在前,头在后	搬运方式不正确,本项不得分	是□	否□	3		
中毒人员的转移正确	中毒人员转移至正确的位置(方向象限)	放置于正确象限,未完成不得分	是□	否□	5		
汇报调度室处理完成	完成后向教师汇报	未汇报教师,本项不得分	是□	否□	3		
合计:							

子任务二　甲醇合成塔法兰泄漏着火事故处置

一、事故应急用品选用

煤制甲醇工艺发生合成塔法兰泄漏着火事故，事故处置人员需要正确选用个人防护用品，包括过滤式防毒面具、化学防护手套，同时需要选择干粉灭火器进行灭火。

二、事故现象

(1) 现场报警器报警。

(2) 上位机可燃气体报警器报警。

(3) 甲醇合成塔着火、有烟雾。

三、事故确认

1. 事故预警

[I]—报告班长，DCS可燃气体报警器报警，原因不明。

2. 事故确认

[M]—收到！请外操进行现场查看。

3. 事故汇报

[P]—收到！报告班长甲醇合成工段甲醇合成塔上法兰泄漏着火，暂无人员伤亡，初步判断可控。

4. 启动预案及事故判断

[M]—收到！内操外操注意！立即启动甲醇合成塔着火事故应急预案。

5. 汇报调度室

[M]—报告调度室，合成工段甲醇合成塔发生泄漏着火事故，已启动甲醇合成塔泄漏着火应急预案。

6. 软件选择事故

[I]—软件选择事故：甲醇合成塔法兰泄漏着火事故。

四、事故处理

(1) [M/P]—穿戴过滤式防毒面具、化学防护手套，进行静电消除。

(2) [P]—现场拉警戒线。

(3) [I]—将压缩机出口控制阀HV1104调成手动，开度设定为10%。

(4) [I]—开启去火炬放空阀HV1105，开度设置为35%。

(5) [P]—关闭阀门 XV6003。

(6) [I]—当系统压力（P3001）下降到 0.5MPa 后开启氮气切断阀 HV1108（图 5-9）。

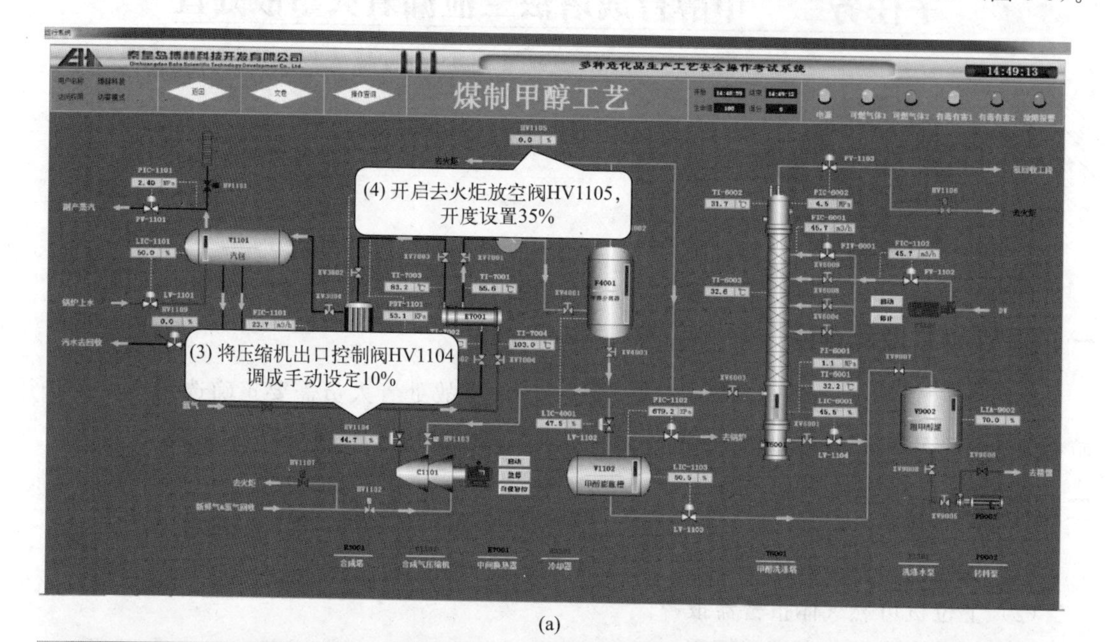

(a)

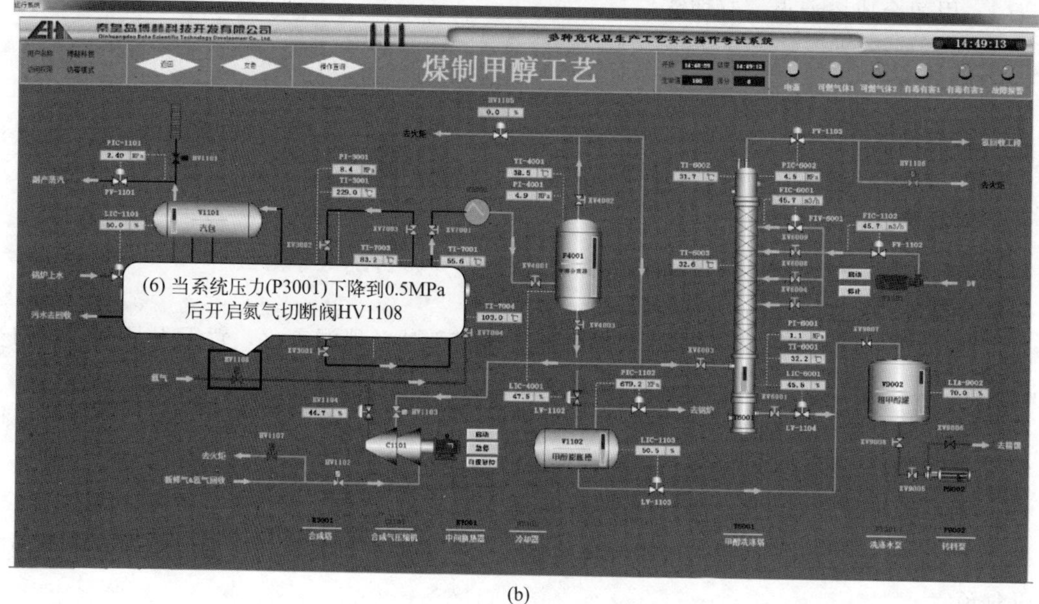

(b)

图 5-9　内操操作步骤 1

(7) [P]—选择消防器材（干粉灭火器）。

(8) [P]—进行灭火操作考核。

(9) [I]—关闭合成气切断阀 HV1102。

(10) [I]—开启合成气放空阀 HV1107。

(11) [I]—按压缩机紧急停车按钮。

(12) [I]—关闭合成气压缩机入口控制阀 HV1103。

(13) [I]—将压缩机出口控制阀 HV1104 调成 0%，关闭。

(14) [I]—将洗涤水进料阀 FV1102 调成手动并关闭。

(15) [I]—关闭洗涤水泵 P1101。

(16) [I]—将水洗塔塔顶出料控制阀 PV1103 调成手动并关闭。

(17) [I]—将水洗塔塔底出料控制阀 LV1104 调成手动并关闭。

(18) [I]—将 FIV6001 调成手动并关闭（图 5-10）。

(19) [P]—关闭阀门 XV6001。

(20) [P]—关闭阀门 XV4003。

(21) [P]—关闭阀门 XV6004。

(22) [P]—关闭阀门 XV6005。

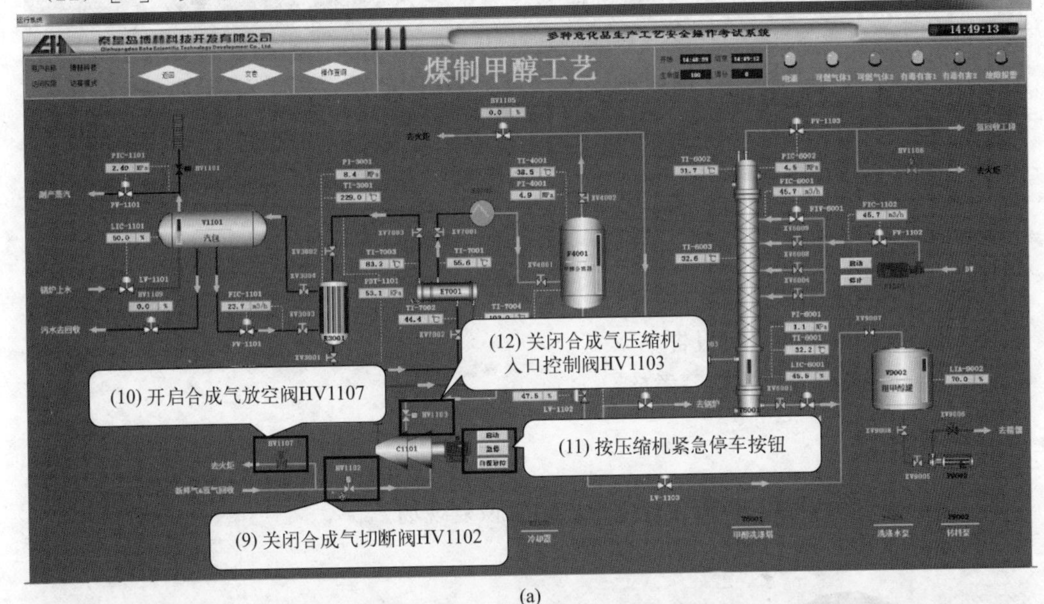

(a)

(b)

图 5-10

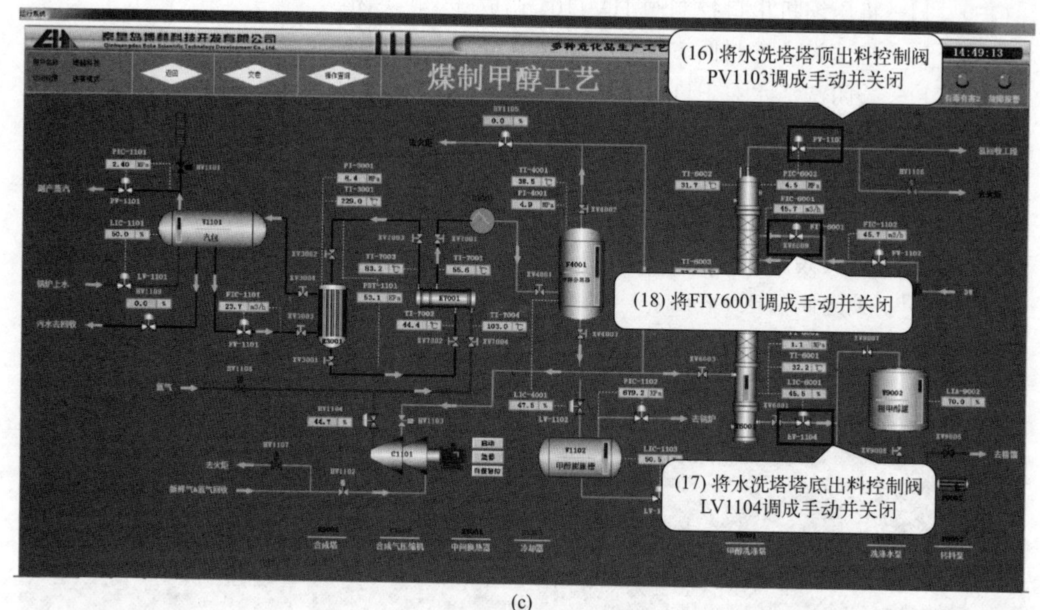

(c)

图 5-10 内操操作步骤 2

(23) [P]—关闭阀门 XV6008。

(24) [I]—完成事故分析报告。

(25) [M]—进行隔热服内容考核。

五、汇报及恢复

(1) 班长报告调度室，事故处理完毕，请求恢复现场。

(2) 恢复现场。

活动 1：熟悉甲醇合成塔法兰泄漏着火事故处理方法，按考核内容分组练习。

活动 2：学生进行分组练习，按班长（M）、外操（P）、内操（I）三个人一组。评分标准见表 5-4，教师结合完成情况进行实时评价打分。结合学生学习成果进行教学反馈，并进行点评。重点放在知识点掌握、技能熟练度以及职业素养表现等方面。

表 5-4 甲醇合成塔法兰泄漏着火事故考核表

考核内容	考核项目(煤制甲醇工艺)	评分标准	评分结果		配分	得分	备注
事故预警	关键词:报警器报警	汇报内容未包含关键词,本项不得分	是□	否□	4		
事故确认	关键词:现场查看	汇报内容未包含关键词,本项不得分	是□	否□	4		

续表

考核内容	考核项目(煤制甲醇工艺)	评分标准	评分结果		配分	得分	备注
事故汇报	关键词:合成工段	汇报内容未包含关键词,本项不得分	是□	否□	4		
	关键词:甲醇合成塔	汇报内容未包含关键词,本项不得分	是□	否□	4		
	关键词:法兰	汇报内容未包含关键词,本项不得分	是□	否□	4		
	关键词:无人员伤亡	汇报内容未包含关键词,本项不得分	是□	否□	4		
	关键词:可控	汇报内容未包含关键词,本项不得分	是□	否□	4		
启动预案	关键词:着火应急预案	汇报内容未包含关键词,本项不得分	是□	否□	8		
汇报调度室	关键词:报告调度室	汇报内容未包含关键词,本项不得分	是□	否□	4		
	关键词:合成工段/甲醇合成塔/着火应急预案	汇报内容缺少一项本项不得分	是□	否□	4		
防护用品的选择	班长/外操防毒面罩穿戴正确	收紧部位正常,无明显松动,有一人错误本项不得分	是□	否□	8		
	班长/外操防护手套穿戴正确	化学防护手套,佩戴规范,有一人错误本项不得分	是□	否□	8		
	滤毒罐5#罐(白色)	选择滤毒罐佩戴,有一人错误本项不得分	是□	否□	8		
安全措施	班长/外操事故处理时进入装置前消除静电	有一人未消除静电,本项不得分	是□	否□	8		
	现场警戒1#位置	展开警戒线,将道路封闭,未操作本项不得分	是□	否□	8		
	现场警戒2#位置	展开警戒线,将道路封闭,未操作本项不得分	是□	否□	8		
汇报调度室处理完成	完成后向教师汇报	未汇报教师,本项不得分	是□	否□	8		
		合计:					

子任务三　甲醇分离器法兰泄漏事故处置

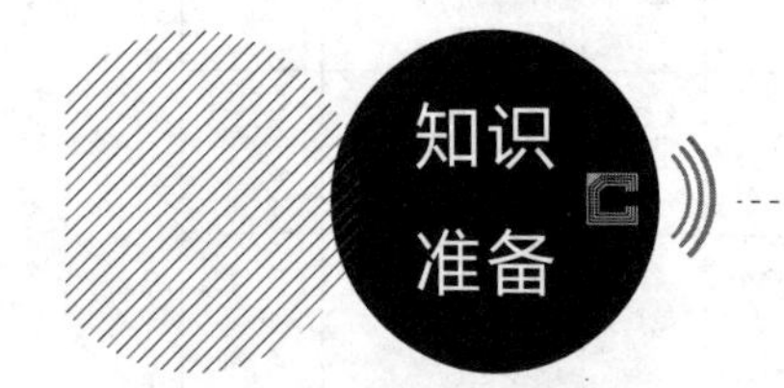

一、事故应急用品选用

煤制甲醇工艺发生分离器法兰泄漏事故，事故处置人员需要正确选用个人防护用品，包括过滤式防毒面具、化学防护手套。

二、事故现象

（1）现场报警器报警。

（2）上位机可燃气体报警器报警。

（3）分离器法兰泄漏，有烟雾。

三、事故确认

1. 事故预警

[I]—报告班长，DCS可燃气体报警器报警，原因不明。

2. 事故确认

[M]—收到！请外操进行现场查看。

3. 事故汇报

[P]—收到！报告班长合成工段甲醇分离器上法兰泄漏，暂无人员伤亡，初步判断可控。

4. 启动预案及事故判断

[M]—收到！内操外操注意！立即启动甲醇分离器泄漏应急预案。

5. 汇报调度室

[M]—报告调度室，合成工段甲醇分离器发生泄漏事故，已启动甲醇分离器泄漏应急预案。

6. 软件选择事故

[I]—软件选择事故：甲醇分离器法兰泄漏事故。

四、事故处理

（1）[M/P]—穿戴过滤式防毒面具、化学防护手套，进行静电消除。

（2）[P]—现场拉警戒线。

（3）[I]—关闭合成气切断阀HV1102。

（4）[I]—开启合成气放空阀HV1107。

（5）[I]—按合成气紧急停车按钮。

（6）[I]—关闭合成气压缩机入口控制阀 HV1103。

（7）[I]—将压缩机出口控制阀 HV1104 调成 0%，关闭。

（8）[I]—开启去火炬放空阀 HV1105，开度设置为 35%（图 5-11）。

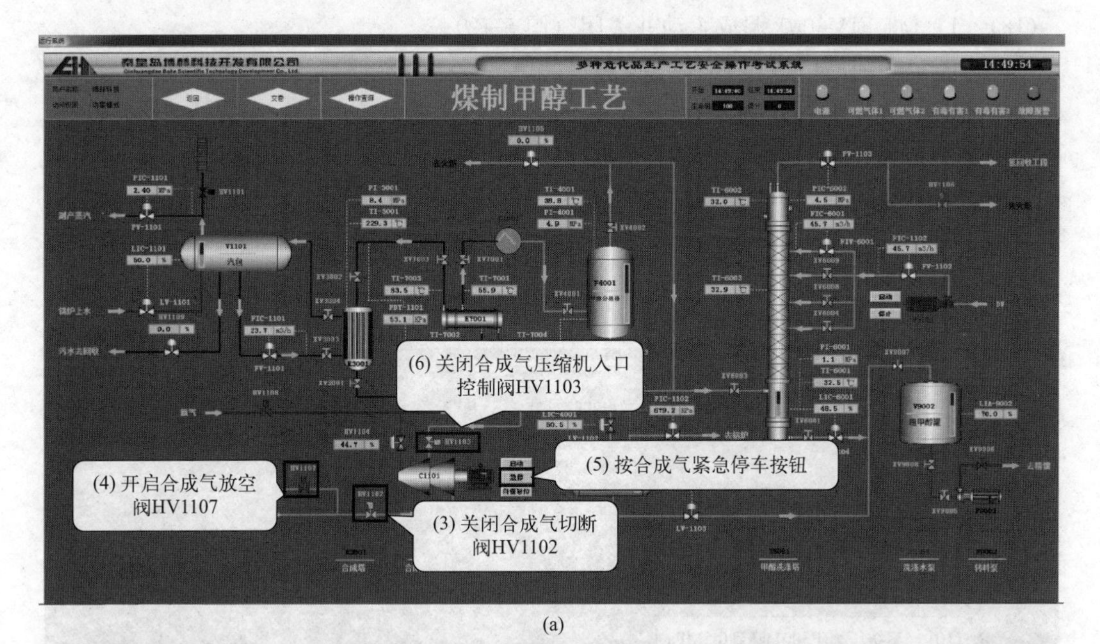

(a)

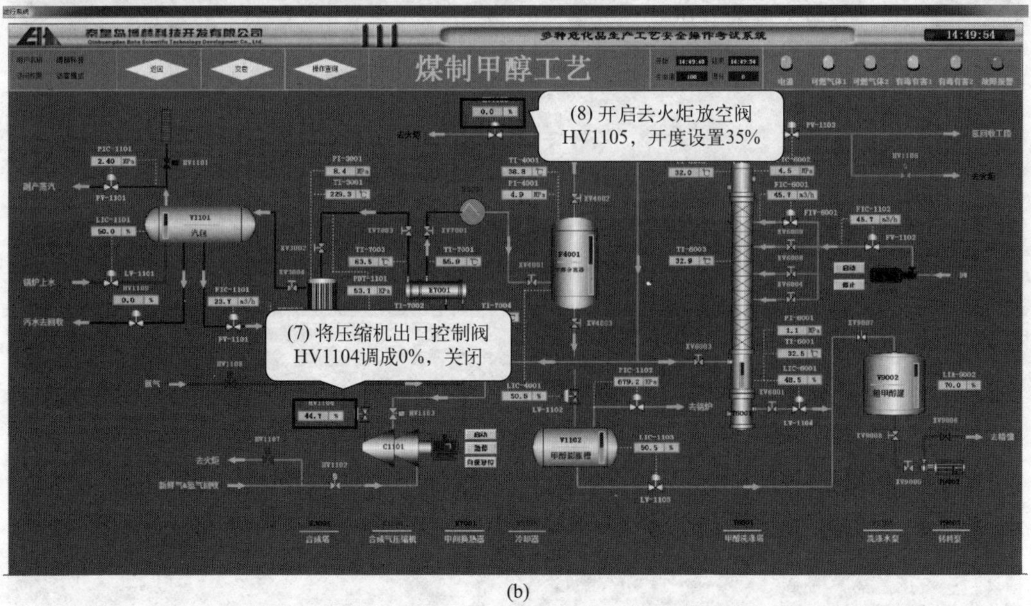

(b)

图 5-11 内操操作步骤 1

（9）[P]—关闭 XV6003。

（10）[I]—当系统压力（P3001）降到 0.5MPa 时，开启氮气切断阀 HV1108。

（11）[I]—将 LV1102 调成手动并满开。

（12）[I]—当甲醇分离器液位为 5%以下时关闭 LV1102。

（13）[P]—关闭分离器底阀 XV4003。

（14）[I]—洗涤水进料阀 FV1102 调成手动并关闭。

(15) [I]—关闭洗涤水泵 P1101。

(16) [I]—将水洗塔塔顶出料控制阀 PV1103 调成手动并关闭。

(17) [I]—将水洗塔塔底出料控制阀 LV1104 调成手动并关闭。

(18) [I]—将 FIV6001 调成手动并关闭（图 5-12）。

(19) [P]—关闭阀门 XV6001。

(20) [P]—关闭阀门 XV6004。

(21) [P]—关闭阀门 XV6005。

(22) [P]—关闭阀门 XV6008。

(23) [P]—关闭阀门 XV6009。

(24) [I]—完成事故分析报告。

(25) [M]—进行防化服内容考核。

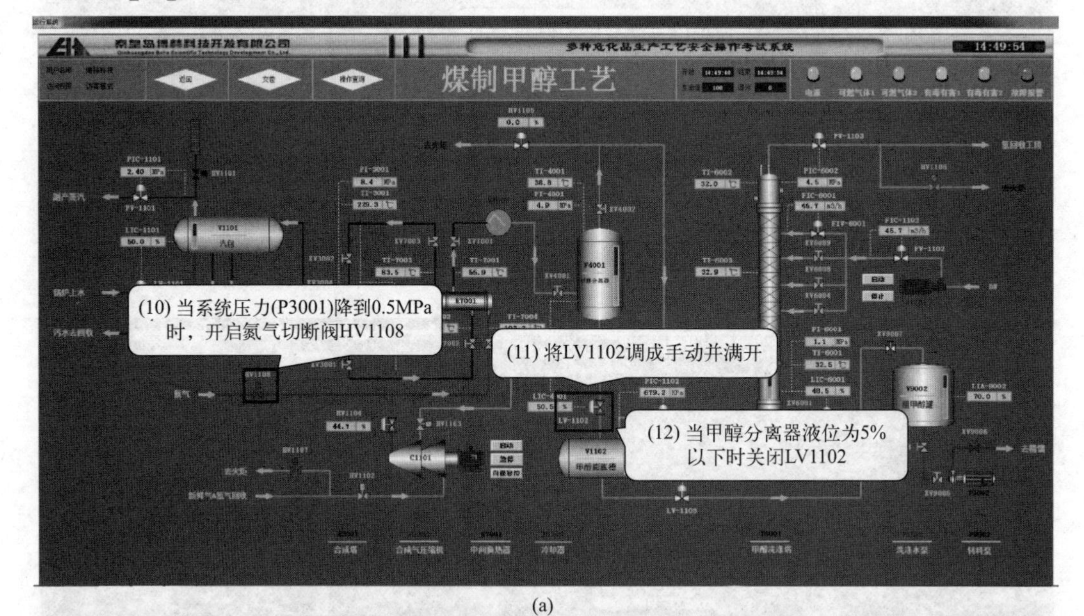

(a)

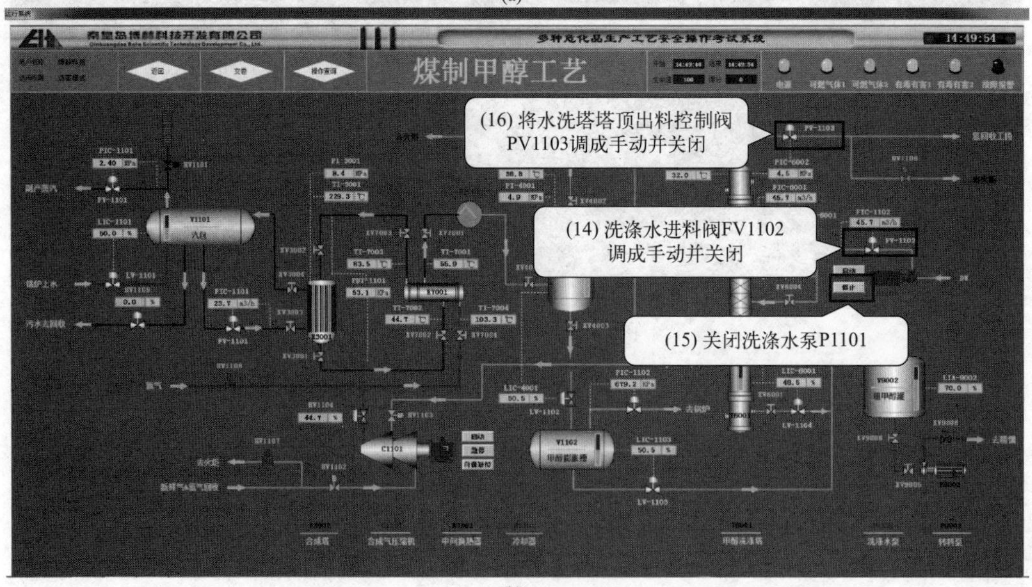

(b)

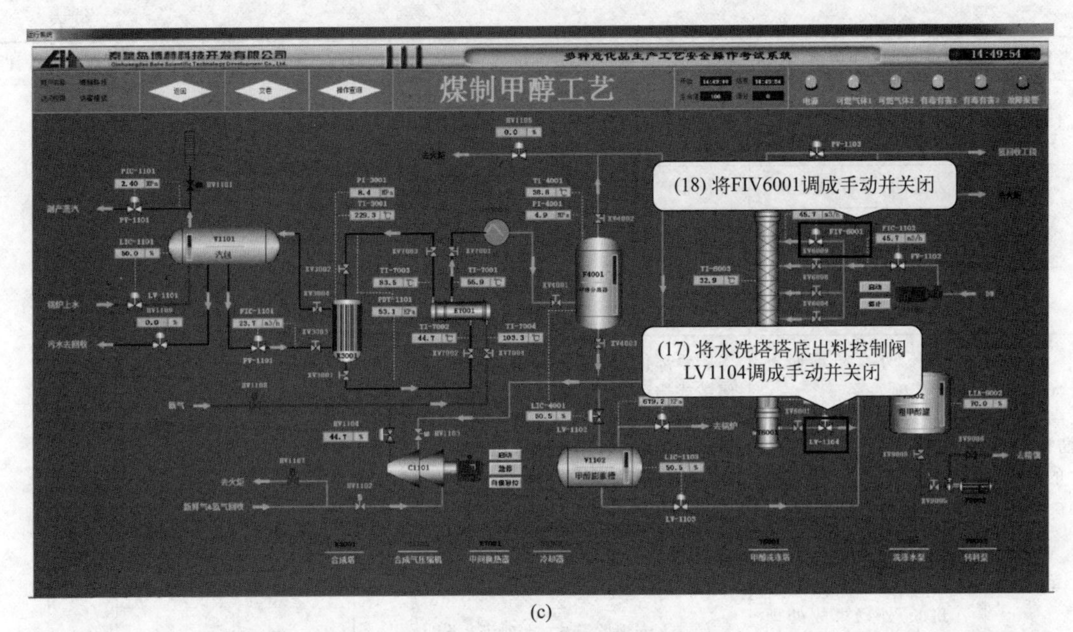

(c)

图 5-12　内操操作步骤 2

五、汇报及恢复

（1）班长报告调度室，事故处理完毕，请求恢复现场。

（2）恢复现场。

活动 1： 熟悉甲醇分离器法兰泄漏事故处理方法，按考核内容分组练习。

活动 2： 学生进行分组练习，按班长（M）、外操（P）内操（I）三个人一组。评分标准见表 5-5，教师结合完成情况进行实时评价打分。结合学生学习成果进行教学反馈，并进行点评。重点放在知识点掌握、技能熟练度以及职业素养表现等方面。

表 5-5　甲醇分离器法兰泄漏事故考核表

考核内容	考核项目(煤制甲醇工艺)	评分标准	评分结果		配分	得分	备注
事故预警	关键词:报警器报警	汇报内容未包含关键词,本项不得分	是□	否□	4		
事故确认	关键词:现场查看	汇报内容未包含关键词,本项不得分	是□	否□	4		
事故汇报	关键词:合成工段	汇报内容未包含关键词,本项不得分	是□	否□	4		
	关键词:甲醇分离器	汇报内容未包含关键词,本项不得分	是□	否□	4		
	关键词:法兰	汇报内容未包含关键词,本项不得分	是□	否□	4		
	关键词:无人员伤亡	汇报内容未包含关键词,本项不得分	是□	否□	4		
	关键词:可控	汇报内容未包含关键词,本项不得分	是□	否□	4		

续表

考核内容	考核项目(煤制甲醇工艺)	评分标准	评分结果		配分	得分	备注
启动预案	关键词:泄漏应急预案	汇报内容未包含关键词,本项不得分	是□	否□	2		
汇报调度室	关键词:报告调度室	汇报内容未包含关键词,本项不得分	是□	否□	4		
	关键词:合成工段/甲醇分离器/泄漏应急预案	汇报内容未包含关键词,本项不得分	是□	否□	4		
防护用品的选择	班长/外操防毒面罩穿戴正确	收紧部位正常,无明显松动,有一人未佩戴或错误本项不得分	是□	否□	8		
	班长/外操防护手套穿戴正确	化学防护手套,佩戴规范,有一人未佩戴或错误本项不得分	是□	否□	8		
	滤毒罐5#罐(白色)	选择滤毒罐佩戴,有一人未佩戴或错误本项不得分	是□	否□	10		
安全措施	班长/外操事故处理时进入装置前消除静电	有一人未消除静电,本项不得分	是□	否□	10		
	现场警戒1#位置	展开警戒线,将道路封闭	是□	否□	8		
	现场警戒2#位置	展开警戒线,将道路封闭	是□	否□	8		
汇报调度室处理完成	完成后向教师汇报	汇报教师	是□	否□	4		
合计:							

子任务四　甲醇合成塔超温事故处置

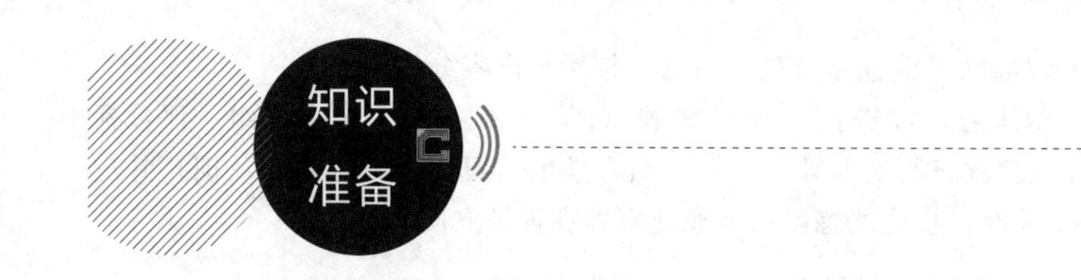

一、事故应急用品选用

煤制甲醇工艺发生合成塔超温事故，事故处置人员需要正确选用个人防护用品，包括安全帽、工作服等。

二、事故现象

(1) 现场报警器报警。

(2) 上位机合成塔温度高报。

三、事故确认

1. 事故预警

[I]—报告班长，合成塔温度高报，故障报警器报警，原因不明。

2. 事故确认

[M]—收到！请外操进行现场查看。

3. 事故汇报

[P]—收到！报告班长合成工段合成塔压力表超压，暂无人员伤亡，初步判断可控。

4. 启动预案及事故判断

[M]—收到！内操外操注意！立即启动合成塔超温超压应急预案。

5. 汇报调度室

[M]—报告调度室，合成工段合成塔发生超温超压事故，已启动合成塔超温超压应急预案。

6. 软件选择事故

[I]—软件选择事故：甲醇合成塔超温事故。

四、事故处理

（1）[I]—全开合成塔壳程控制阀 FV1101。

（2）[I]—全开汽包放空阀 HV1101。

（3）[I]—全开汽包脱盐水进水阀 LV1101。

（4）[I]—开启汽包排污阀 HV1109 至 30%（图 5-13）。

（5）[P]—检查 XV3003 满开（挂牌）。

（6）[P]—检查 XV3004 满开（挂牌）。

（7）[P]—检查 XV3001 满开（挂牌）。

（8）[P]—检查 XV3002 满开（挂牌）。

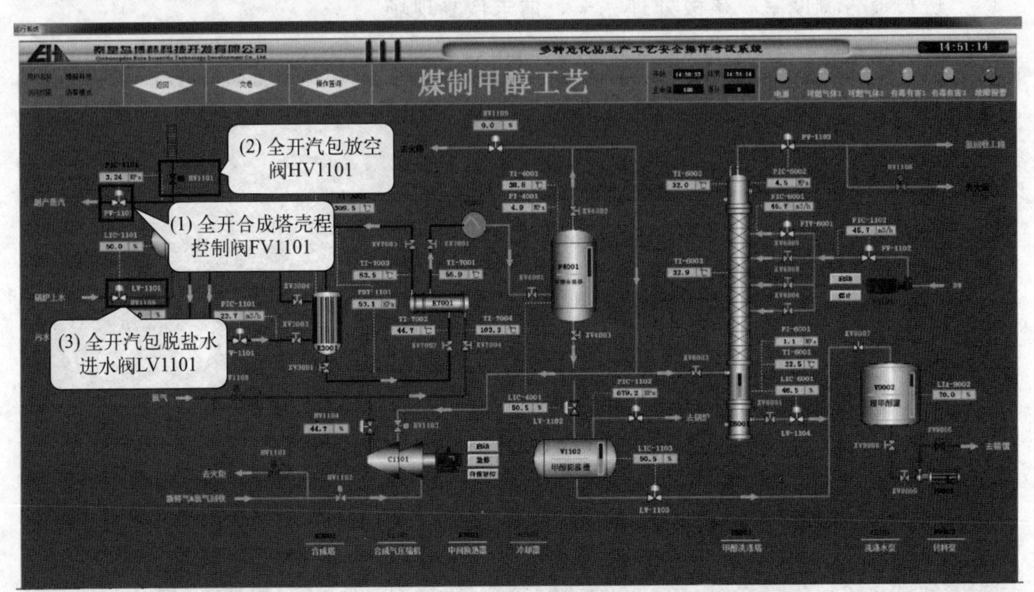

(a)

图 5-13

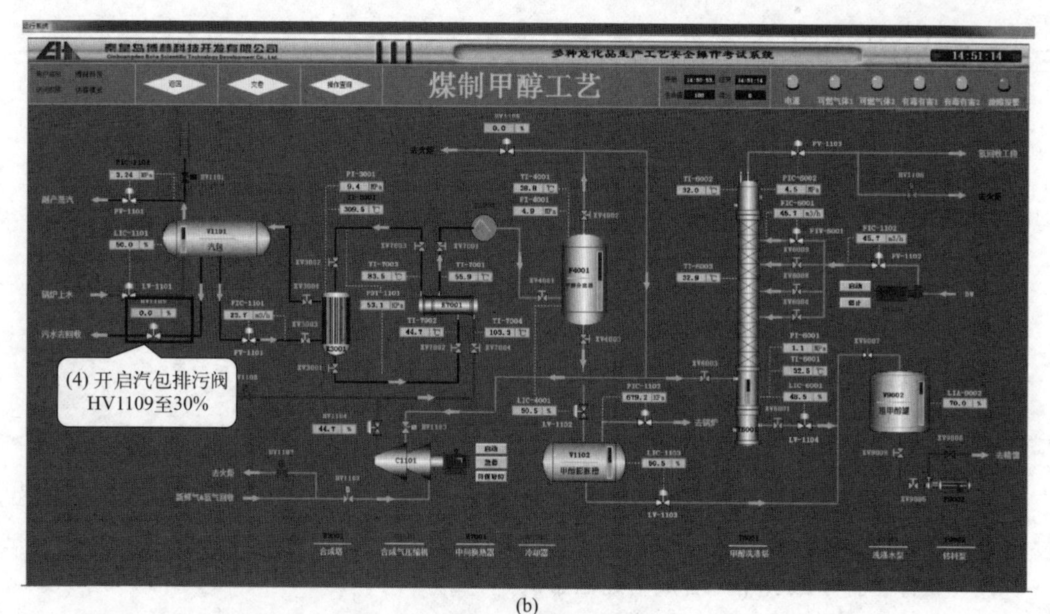

(b)

图 5-13　内操操作步骤 1

(9)［I］—当温度下降至 235℃时，关闭汽包放空阀 HV1101。

(10)［I］—将汽包排污阀设定为 10%。

(11)［I］—将汽包液位设定为 50%，将控制阀 LV1101 投自动。

(12)［I］—将 PV1101 调成手动。

(13)［I］—通过调节 PV1101 控制合成塔温度。

(14)［I］—将 TI3001 调到 230℃，后 PV1101 投自动（图 5-14）。

五、汇报及恢复

(1) 班长报告调度室，事故处理完毕，请求恢复现场。

(2) 恢复现场。

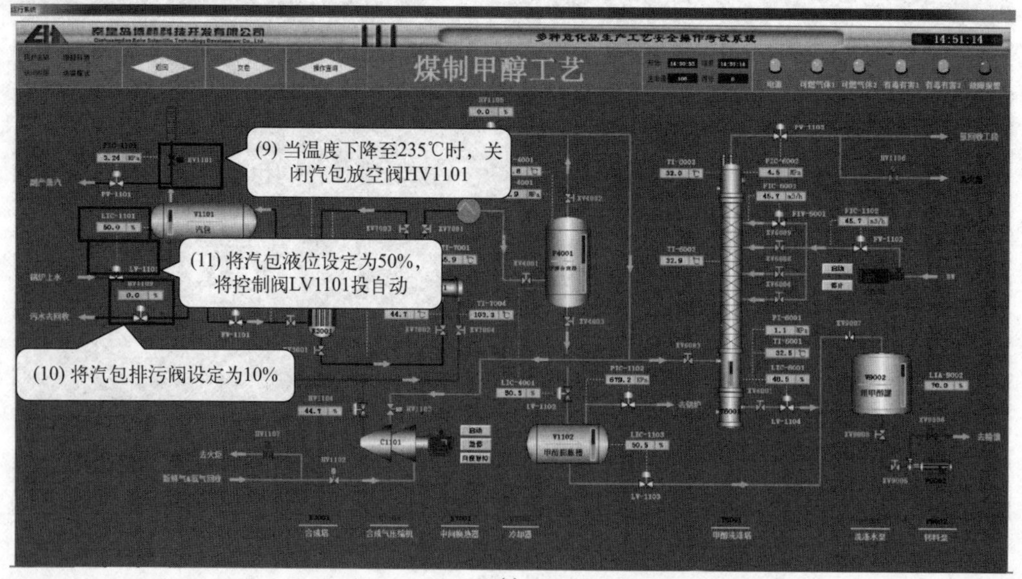

(a)

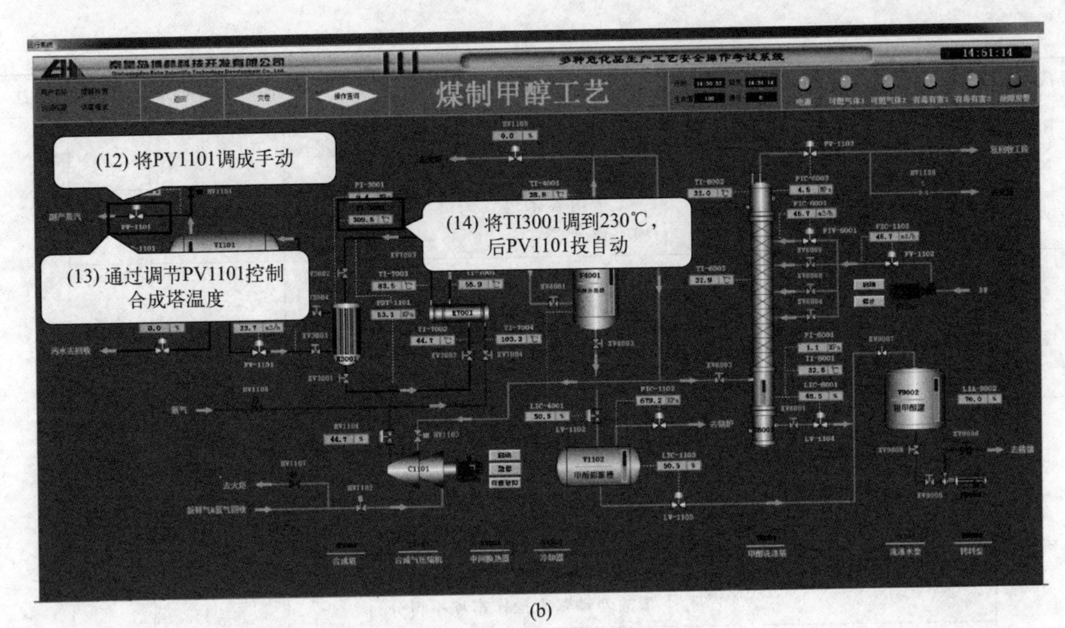

(b)

图 5-14　内操操作步骤 2

活动 1： 熟悉合成塔超温事故处理方法，按考核内容分组练习。

活动 2： 学生进行分组练习，按班长（M）、外操（P）、内操（I）三个人一组。评分标准见表 5-6，教师结合完成情况进行实时评价打分。结合学生学习成果进行教学反馈，并进行点评。重点放在知识点掌握、技能熟练度以及职业素养表现等方面。

表 5-6　甲醇合成塔超温事故考核

考核内容	考核项目(煤制甲醇工艺)	评分标准	评分结果		配分	得分	备注
事故预警	关键词:报警器报警	汇报内容未包含关键词,本项不得分	是□	否□	5		
事故确认	关键词:现场查看	汇报内容未包含关键词,本项不得分	是□	否□	5		
事故汇报	关键词:合成工段	汇报内容未包含关键词,本项不得分	是□	否□	5		
	关键词:合成塔	汇报内容未包含关键词,本项不得分	是□	否□	5		
	关键词:压力表超压	汇报内容未包含关键词,本项不得分	是□	否□	5		
	关键词:无人员伤亡	汇报内容未包含关键词,本项不得分	是□	否□	5		

续表

考核内容	考核项目(煤制甲醇工艺)	评分标准	评分结果		配分	得分	备注
事故汇报	关键词:可控	汇报内容未包含关键词,本项不得分	是□	否□	5		
启动预案	关键词:超温超压应急预案	汇报内容未包含关键词,本项不得分	是□	否□	10		
汇报调度室	关键词:报告调度室	汇报内容未包含关键词,本项不得分	是□	否□	5		
	关键词:合成工段/合成塔/超温超压应急预	汇报内容未包含关键词,本项不得分	是□	否□	5		
考核内容	检查XV3003	将状态牌旋转至“事故时一事故勿动”,未操作本项不得分	是□	否□	10		
	检查XV3004	将状态牌旋转至“事故时一事故勿动”,未操作本项不得分	是□	否□	10		
	检查XV3001	将状态牌旋转至“事故时一事故勿动”,未操作本项不得分	是□	否□	10		
	检查XV3002	将状态牌旋转至“事故时一事故勿动”,未操作本项不得分	是□	否□	10		
汇报调度室处理完成	完成后向教师汇报	汇报教师	是□	否□	5		
		合计:					

子任务五　甲醇合成工段停电事故处置

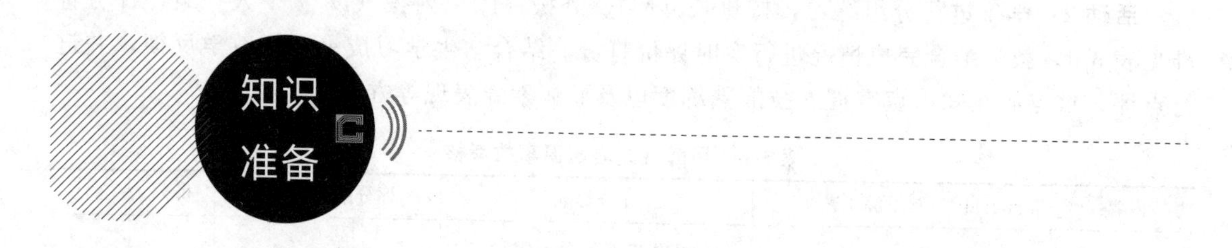

一、事故应急用品选用

煤制甲醇工艺发生合成工段停电事故处置，事故处置人员需要正确选用个人防护用品，包括安全帽、工作服等。

二、事故现象

上位机电源故障报警。

三、事故确认

1. 事故预警

[I]—报告班长，DCS动力电故障报警器报警，原因不明。

2. 事故确认

[M]—收到！请外操进行现场查看。

3. 事故汇报

[P]—收到！报告班长合成工段动设备停止运转，发生动力电故障，暂无人员伤亡，初步判断可控。

4. 启动预案及事故判断

[M]—收到！内操外操注意！立即启动合成工段停电应急预案。

5. 汇报调度室

[M]—报告调度室，合成工段发生动力电故障，已启动停电应急预案。

6. 软件选择事故

[I]—合成工段停电事故。

四、事故处理

(1) [I]—关闭合成气切断阀 HV1102。

(2) [I]—开启合成气放空阀 HV1107。

(3) [I]—按合成气紧急停车按钮。

(4) [I]—关闭合成气压缩机入口控制阀 HV1103。

(5) [I]—合成气压缩机出口控制阀 HV1104 调成手动并关闭。

(6) [I]—开启去火炬放空阀 HV1105，开度设置为 35%。

(7) [P]—关闭阀门 XV6003。

(8) [I]—当压力（PI3001）到达 0.5MPa 时，开启氮气切断阀 HV1108。

(9) [I]—将 LV1102 调成手动并满开。

(10) [I]—当甲醇分离器液位为 5%以下时关闭 LV1102（图 5-15）。

(11) [P]—关闭分离器底阀 XV4003。

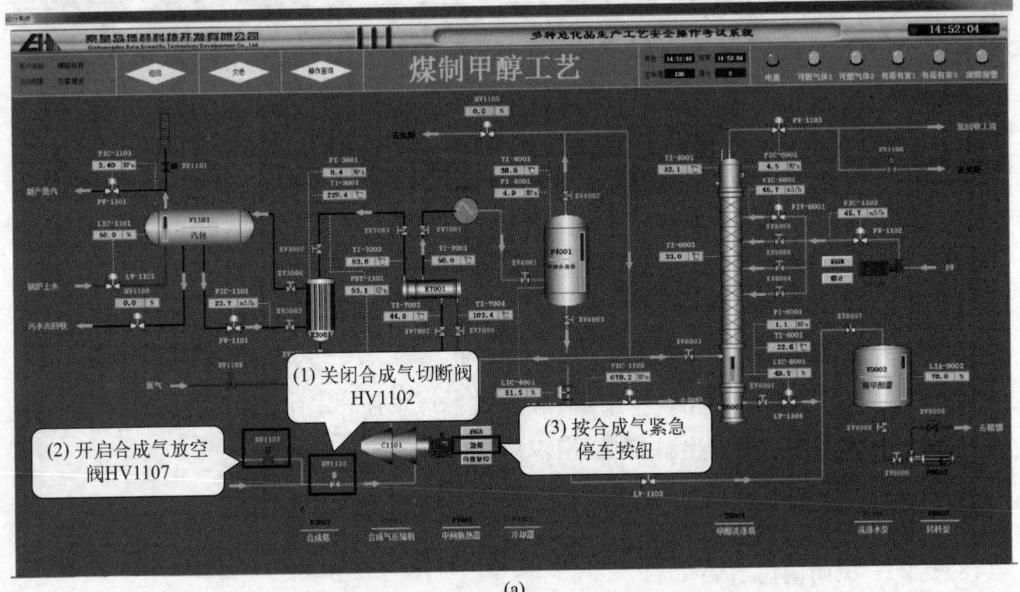

(a)

图 5-15

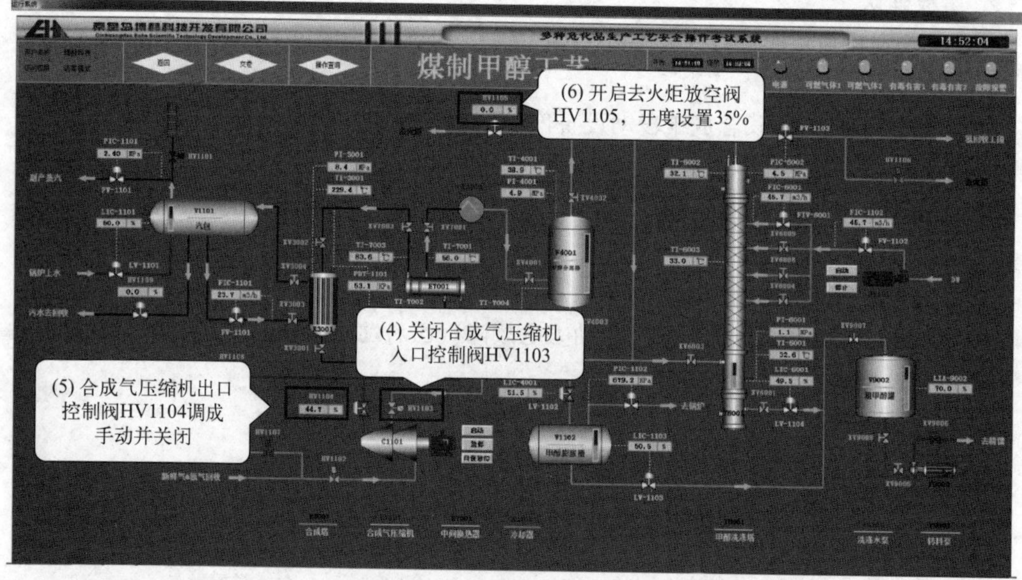

(b)

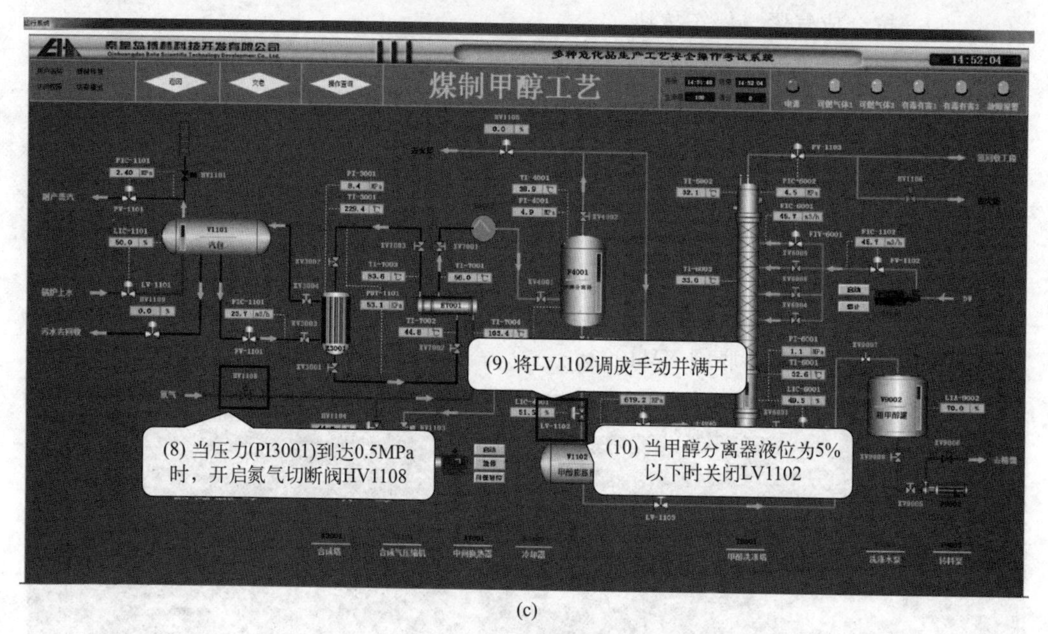

(c)

图 5-15 内操操作步骤 1

(12) [I]—将洗涤水进料阀 FV1102 调成手动并关闭。

(13) [I]—关闭洗涤水泵 P1101。

(14) [I]—将水洗塔塔顶出料控制阀 PV1103 调成手动并关闭。

(15) [I]—将水洗塔塔底出料控制阀 LV1104 调成手动并关闭。

(16) [P]—关闭阀门 XV9005。

(17) [P]—关闭阀门 XV9006。

(18) [P]—关闭阀门 XV9008。

(19) [I]—当合成塔温度达到 210℃左右后关闭 HV1105（图 5-16）。

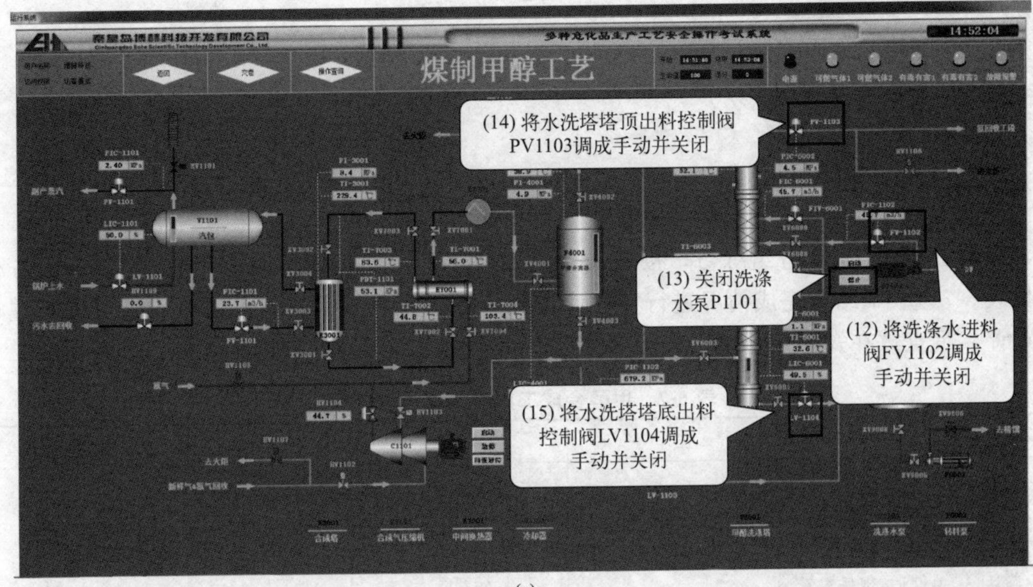

(a)

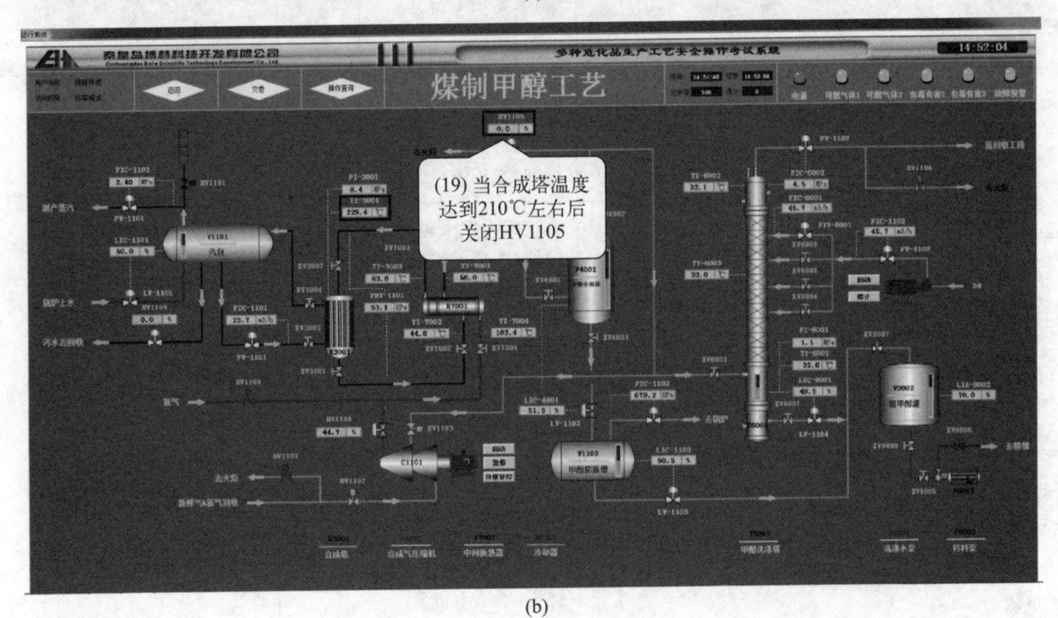

(b)

图 5-16　内操操作步骤 2

五、汇报及恢复

（1）班长报告调度室，事故处理完毕，请求恢复现场。

（2）恢复现场。

活动1：熟悉甲醇合成工段停电事故处理方法，按考核内容分组练习。

活动2：学生进行分组练习，按班长（M）、外操（P）、内操（I）三个人一组。评分标准见表5-7，教师结合完成情况进行实时评价打分。结合学生学习成果进行教学反馈，并进行点评。重点放在知识点掌握、技能熟练度以及职业素养表现等方面。

表5-7　甲醇合成工段停电事故考核表

考核内容	考核项目(煤制甲醇工艺)	评分标准	评分结果		配分	得分	备注
事故预警	关键词:报警器报警	汇报内容未包含关键词,本项不得分	是□	否□	8		
事故确认	关键词:现场查看	汇报内容未包含关键词,本项不得分	是□	否□	8		
事故汇报	关键词:合成工段	汇报内容未包含关键词,本项不得分	是□	否□	8		
	关键词:动设备	汇报内容未包含关键词,本项不得分	是□	否□	8		
	关键词:动力电故障	汇报内容未包含关键词,本项不得分	是□	否□	8		
	关键词:无人员伤亡	汇报内容未包含关键词,本项不得分	是□	否□	8		
	关键词:可控	汇报内容未包含关键词,本项不得分	是□	否□	8		
启动预案	关键词:停电应急预案	汇报内容未包含关键词,本项不得分	是□	否□	14		
汇报调度室	关键词:报告调度室	汇报内容未包含关键词,本项不得分	是□	否□	8		
	关键词:合成工段/动力电故障/停电应急预案	汇报内容未包含关键词,本项不得分	是□	否□	8		
汇报调度室处理完成	完成后向教师汇报	汇报教师	是□	否□	14		
合计:							

参 考 文 献

[1] 韩宗，史焕地，刘德志．化工 HSE. 北京：化学工业出版社，2021.

[2] 刘景良．化工安全技术．4 版．北京：化学工业出版社，2019.

[3] 薛为岚，朱庆志，唐黎华．化工工艺学．3 版．北京：化学工业出版社，2022.